世界科普巨匠经典译丛·第一辑

INTERESTING
PHYSICS Q & A

# 趣味

## 物理学问答

（苏）别莱利曼／著　　张凤鸣 姚焕春／译

U0395669

上海科学普及出版社

**图书在版编目（CIP）数据**

趣味物理学问答 /（苏）别莱利曼著；张凤鸣，姚焕春译 . —上海：上海科学普及出版社，2013.10（2022.6 重印）

（世界科普巨匠经典译丛·第一辑）

ISBN 978-7-5427-5834-7

Ⅰ.①趣… Ⅱ.①别… ②张… ③姚… Ⅲ.①物理学—普及读物Ⅳ.① O4-49

中国版本图书馆 CIP 数据核字 (2013) 第 173858 号

责任编辑：李 蕾

世界科普巨匠经典译丛·第一辑

**趣味物理学问答**

（苏）别莱利曼 著 张凤鸣 姚焕春 译

上海科学普及出版社出版发行

（上海中山北路 832 号 邮编 200070）

http://www.pspsh.com

各地新华书店经销 三河市华晨印务有限公司印刷

开本 787×1092 1/12 印张 20 字数 240 000

2013 年 10 月第 1 版 2022 年 6 月第 3 次印刷

ISBN 978-7-5427-5834-7 定价：39.80 元

# 目录 CONTENTS

## 第1章 力学

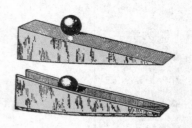

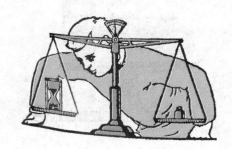

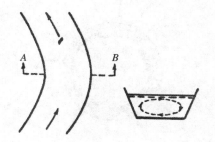

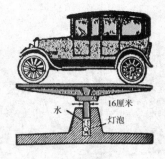

水　　16厘米
灯泡

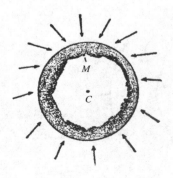

$M$

$C$

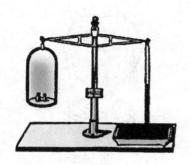

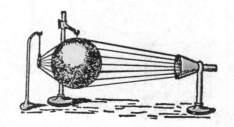

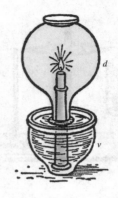

铁块     铜砝码

第 **1** 章

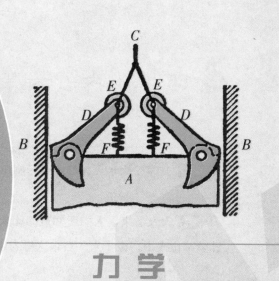

力 学

# 1.1 比米大的长度单位

 **题:** 有哪些比米更大的标准米制单位?

**解** 大致看来,人们所知道的比米更大的长度单位是千米。在惯用的法定计量单位表中,像十米、百米这样的单位表述是不存在的。

# 1.2 升和立方分米

 **题:** 相比之下,升和立方分米哪个更大?

**解** 通常人们会觉得升和立方分米是一个概念,但这种观点其实是错误的。虽然这两者的容量接近,但却并不完全一样。在度量制中,并不是用1立方分米来衡量1升的,而是用1千克。即1千克纯净水在水温4℃时的体积为1升。此体积要比1立方分米大27立方毫米。

由此可以看出,1升要比1立方分米稍微大些。

 **1.3 最小的长度单位**

题：最小的长度单位是什么？

解 千分之一毫米（即微米①）在现代的科学领域中，远不是最小的长度单位。比它小的单位还有百万分之一毫米（即纳米）和千万分之一毫米（即埃米Å，但已经不再使用的单位）。

纳米是目前最小的长度单位。曾经使用过单位"未知数"（X），但现已取消，这里的 $X=1.00206 \times 10^{-13}$m $\approx$ 0.0001nm。但是，未知数（X）对于自然界的某些物体来说还是比较大，并不能测量它的大小。比如说，直径为几百分之一个 X 的电子②，和直径约为两千分之一个 X 的质子。

如下表所示，对照以上提到的几个较小的长度单位：

| | |
|---|---|
| 微米 | $10^{-6}$ 米 |
| 纳米 | $10^{-9}$ 米 |
| 埃米 | $10^{-10}$ 米（已取消） |
| （X） | $10^{-13}$ 米（已取消） |

总的来说，我们可以依据国际单位制来使用由单位米生成的其他米制单位，

①在目前科学领域中，微米算是比较大的长度单位了。因为若想使机械大批量生产运作，就得保证零件的互换性能。因此，能够精确到数十分之一微米的测量仪器就在生产实践中得到了应用。

②科学地讲，电子直径并不真的存在。汤姆森曾说："如果推测电子也要遵循实验室中带点金属球所遵循的那些原理，那么就能计算出电子的'直径'，这个数值就是3.7×10−13厘米。但是，是不可能通过实验来验证这个结果的。"

比如皮米（$10^{-12}$ 米）、飞米（$10^{-15}$ 米）以及阿米（$10^{-18}$ 米），但在现实生活中比纳米还小的单位基本上已不再使用了。

##  1.4 最大的长度单位

**题：** 最大的长度单位有哪些？

秒差距

$C$ 3

150000000km

图1-1 什么是"秒差距"

**解** 曾经有很多人认为，"光年"是科学领域中最大的长度单位，也就是光在真空中一年所走的路程，为9.5万亿千米（$9.5×10^{12}$ 千米）。但我们也会发现，这个长度单位在很多科学著作中，逐渐地被"秒差距"（约为光年的三倍多）所替代。秒差距是由"视差"和"秒"这个词合二为一组成的，它等于31万亿千米，也就是 $31×10^{12}$ 千米。但即便如此，用来测量宇宙的深度还是不够的。因此，天文学家引入了"千秒差距"（1 000 个秒差距）和"百万秒差距"（1 000 000 个秒差距）。迄今为止，百万秒差距是科学领域中最大的长度单位，即使被天文学家称为"单位A"（包含一百万个光年）的较大单位，也只不过是百万秒差距的三分之一。螺旋星系之间的距离就是用百万秒差距来测量的。

对下列几个较大的长度单位进行比较：

秒差距　　$31×10^{12}$km　　光年　　$9.5×10^{12}$km

千秒差距　　$31×10^{15}$km

百万秒差距　　$31 \times 10^{18}$km　　单位 $X$　　$9.5 \times 10^{18}$km

我们从中是否能得知最大单位和最小单位，也就是百万秒差距和未知数（$X$）之间的中间值是多少？但我们在这里指的是几何平均值，并不是算术平均值。我们将未知数（$X$）换算成千米，会得到：

$$X = 10^{-10}\text{mm} = 10^{-16}\text{km}$$

由此我们得知，百万秒差距和未知数之间的几何平均值为：

$$\sqrt{31 \times 10^{18} \times 10^{-16}} \approx 56\text{km}$$

最大长度是 56 千米的几倍，则最小长度就是 56 千米的多少分之一。

# 1.5 比水轻的金属——轻金属

 题：有哪些金属比水还轻？举例说明。

**解** 每每谈到轻金属，大多数人都会想到铝。但铝并不是最轻的金属。以下为几种轻金属的比重（密度）：

铝　　2.7

钙　　1.55

锶　　2.6

钠　　0.97

铍　　1.9

钾　　0.86

镁　　1.7

锂　　0.53

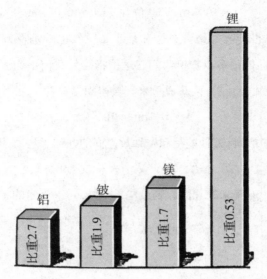

图1-2 同等重量的几种轻金属棱镜

比水轻的金属有三种。

通过对比，最轻的金属是锂[①]。锂比很多树木都轻，它在煤油中，会有一半都漂浮在上面。其比重是最重金属（锇）的 $\frac{1}{40}$。

在现代工业生产中所用到的轻合金如图1-2所示（生产高质量的轻合金是法国工程师的特长，所有密度小于3的合金，都被称为轻合金。）：

1. 硬铝和软铝是铝和少量铜镁的合金，密度为2.6，在体积相同的情况下，其重量是铁的 $\frac{1}{3}$，但刚度却是它的1.5倍。

2. 铍和铜镍的合金也被叫做硬铍，它的密度是硬铝的　，但刚度却比它大40%。

3. 轻质镁基合金[②]是镁铝等其他金属的合金，其密度是硬铝的　，密度为1.84，刚度与硬铝相当。另外，常用于西方的硅铝合金、斯克列隆铝锌，以及马格纳里合金等都是轻铝合金，此处就不再详述。

---

①锂被应用到红色信号火箭、玻璃制造工业，以及硬化合金的金属工业等领域中。

②它的名称是由制造它的一家公司得来的。它曾被应用到苏联的"谢尔戈·奥尔荣尼克杰"型飞机制造中。

# 1.6 密度最大的物质

 **问题：什么是密度最大的物质？**

**解** 通常人们会认为是锇、铱和白金（铂）等物质。但比起某些行星上的物质它们的密度就不算大了。黄道十二宫双鱼星座所属的范梅南（van manen）行星，其每立方厘米的平均质量约为 400 千克，密度是水的 400 000 倍，约为白金的 20 000 倍。即使最小的一个物质颗粒（标本 12 号，直径仅 1.25 毫米）在地球表面都有一英镑那么重！而相同的颗粒，在其所在的星球却重达 30 吨！

图 1-3 王曼内那行星上某些物质的体积虽然只有 个火柴盒大，但是重量却等于 30 个成人的体重之和。

## ？ 1.7 无人岛上

**题：** 爱迪生在测验中曾有这样一个问题："如果你处在一座太平洋热带岛屿上，在不使用任何工具的情况下，你将怎样移动一块长 100 英尺（30 米），高 15 英尺（5 米），重达 3 吨的岩石？"

**解** 在一部研究爱迪生测验的德语书中，关于上题有这样一个提问：这个岛屿是否有树木存在？这一问题毫无意义，因为题中并没有涉及岩石的厚度，因此计算一下，我们就会发现用双手就可将其推倒。一般来说，质量为 3 吨的花岗岩，密度是水的三倍，那么体积就是 1 立方米，依题中给出的长度和高度，就能算出它的厚度为：

$$1 \div (30 \times 5) \approx 0.007 \text{m}$$

即 7 毫米。而岛上也确实存在厚度仅为 7 毫米的山岩。

那么，仅需用手推或用肩顶就可使类似的岩石移动（前提是它没有深入土中）。将这个力的大小计算出来并用 $x$ 表示。如图 1-4 所示，这个力为矢量（向量）$Ax$。若身高为 1.5 米的一个人，那么着力点 $A$ 就在其肩上，并且这个力使墙体围绕 $O$ 点翻转。由此计算得出力矩为

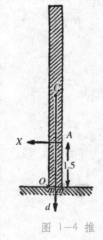

图 1-4 推翻爱迪生墙

$$Mom \ x = 1.5x$$

墙体重力 N 依附于中心点 $C$ 上，并使墙体维持原态，这个力反作用于上述推力。那么相对而言，重力的力矩为：

$$Mom.N = N \times m = 3\ 000 \times 0.0035 = 10.5$$

由此得出力 $x$ 的大小为：

$$1.5x=10.5$$

$$即\ x=7kg$$

换言之，一个人仅需用 7 千克力的力就能把墙体推倒。

像墙体这样的岩壁也是不可能存在的，因为即使是不被人察觉的风都可能将其推倒。通过以上方法，我们也能算出压强为 $15N/m^2$ 的风就足可以将其推倒。而且即使是压强为 $10N/m^2$ 的风，所带来的压力也有 1500N。

# ? 1.8 蜘蛛丝的重量

题：若一根蜘蛛丝[①]的长度是从地球到月球，那么它的重量大约是多少？是否能用手掌托起或用大车运走？

解 若不通过计算，就无法对其进行正确解答的。其实计算方法也很简单，设定蜘蛛丝的直径为 0.0005 厘米，密度为 1（$g/cm^2$）时，1 千米蜘蛛丝的重量就为：

$$\frac{3.14 \times 0.0005^2}{4} \times 100\,000 \approx 0.02g$$

而地球到月球的距离，也就是说蜘蛛丝的长度达 400 000 千米的时候，

其重量为：

$$0.02 \times 400\,000 = 8kg$$

手是可以承受这样的重量的。

① 蜘蛛丝直径约为 0.05 毫米，比重约为 1。

#  1.9 埃菲尔铁塔模型

**题：** 高度为 300 米（1000 英尺）的埃菲尔铁塔重 9000 吨，那么高为 30 厘米（1 英尺）的精准铁塔模型又有多重呢？

**解** 这样一个几何学问题在物理学的领域中还是引起了大家关注。因为在物理学的领域中，通常会将几个形状相似的物体进行质量上的比较。因此最

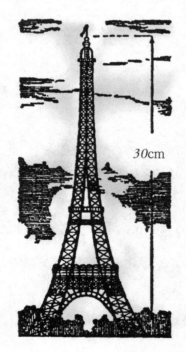

*30cm*

图 1-5 埃菲尔铁塔模型

重要的就是怎样确定相似物体之间的质量关系，若将两个物体的线性大小看做 1:1 000，模型的重量看做 9 吨（也就是实体的千分之一）的话，那么就错了。其实，几何形状相似的物体的体积和质量，是它们线性比例的立方。也就是说，实体的质量应该是模型的 109 倍，即 10 亿倍：

9 000 000 000:1 000 000 000=9kg

30 厘米长的铁制品的质量是很小的。因此就要求模型的架构很薄，又因为其厚度是实体的千分之一，那么也就要求很精细。因而，模型就好像是用最细的丝线[1]所制成的纺织品，这样它的质量小也就很正常了。

---

[1] 如果将埃菲尔铁塔上 70 吨的架构替换成丝线模型，其重量仅有 0.07 克。

 1.10 手指上的 1000 个大气压

**问题：** 一根手指能产生 1000 个大气压吗？

**解** 也许很多人都想象不出，当我们用手指将大头针或针尖扎入织品时，所施加的大气压有 1 000at[①]。想想也可以理解，比如说当我们书写时，手指给笔尖的力约为 300 克或 0.3 千克。笔尖半径约为 0.1 毫米或 0.01 厘米，笔尖的面积约为：

$$3 \times 0.01^2 = 0.0003 \text{cm}^2$$

那么，1 平方米所受到的压强就是：

$$0.3 \div 0.0003 = 1000 \text{kg/cm}^2$$

工业大气压等于 $1\text{kg/cm}^2$，而我们施加给笔尖的压强为 1000 个工业大气压，那也就是说这个压强是蒸汽在蒸汽机圆柱气缸内做功时压强的 100 倍。

那么裁缝在做工时一直接触着 100 个大气压，却没意识到自己施加了这么大的压强。同理，理发师在使用剃刀时也从未意识到。的确，剃刀对每一根发丝的力只有几克，但刀刃的厚度却不到 0.0001 厘米，而发丝的直径也不到 0.01 厘米，那么剃刀对发丝的施压面积就为：

$$0.0001 \times 0.01 = 0.000001 \text{cm}^2$$

施加在上面的压强就是：

$$1 \div 0.000\ 001 = 1\ 000\ 000 \text{g/cm}^2 = 1\ 000 \text{kg/cm}^2$$

那么，也是 1000at。由于手给剃刀的重量不会超过 10g，那么剃刀对发丝的压力就是几千个大气压了。

---

① at 用来表示工业大气压，$1\text{at} = 1\text{kg/cm}^2 = 98.07\text{Kpa}$。

# 1.11 昆虫的力气有 100 000 个大气压

**题：** 一只昆虫能否产生 100000 个大气压？

**解** 在人类的意识中，昆虫的力气都很小，似乎不可能会产生一万个大气压。但却真的有这样的昆虫存在，而且甚至能产生更大的压强。当黄蜂将毒针刺入猎物身体时，所使用的力约为 1mg。但难以想象的是，任何精密的微型仪器在它锋利的毒针面前都显得微不足道。即使在最大倍数的显微镜下，也无法看到任何图像。哪怕是用超显微镜透视，展现在眼前的也只不过是形同山峰的形状，如图 1-6 所示。若将刀刃放在这种显微镜下，就如图 1-7 所示，像锯齿或山峦。由于黄蜂的毒针半径不超过 0.00 001 毫米，所以它也许是大自然中最锋利的武器，就像是一把锋利的刺刀。

计算出黄蜂使用 0.001 克力，半径为 0.00 001 毫米时的受力面积，这里我们将 $\pi$ 取值为 3，那么就得出面积为：

$S=3 \times 0.00 00012 cm^2 = 0.000 000 000 003 cm^2$

毒针施加给这个面积的力为 $0.001g=0.000 001kg$。那么压强就是：

$P=0.00 001 / 0.000 000 000 003 = 330 000 at$

但这也并不完全和现实相符。因为毒针所施加的力还没达到这个数值时，猎物可能就已濒临死亡。也就是说黄蜂在捕猎时，并不需要施加这么大的力就可达到效果，但这也与猎物本身的密度有关。

图 1-6 放大后的刺尖好似山峰

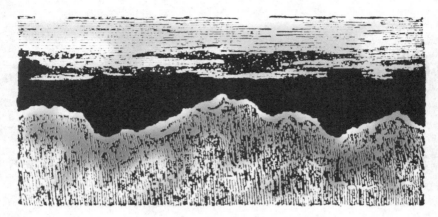

图 1-7 放大后的刀刃好似山脉

# 1.12 划桨的人

**题：** 河面上漂浮着一只桨船和一块木板，对于桨手来说会觉得哪样更轻松：是维持在木板前 10 米的状态还是落后 10 米呢？

**解** 即使是专业的水上人员也有可能会做出错误的选择，通常他们会觉得顺流划船比逆流要简单，因此，一定会在漂浮的木板前面。

没错，对于河岸上的某一物体来说，顺流划船是要简单些，但此时的那个点指的是同样漂浮在水面上的木板，所以结论也就不一样了。要记住的是，在水面漂浮的船对河水来说它是静止的。划桨的人此时就好像是处在不流动的河水中。那么方向对于他来说也就没有任何意义了。

那也就是说，在维持距离等同的情况下，无论是在木板前还是在木板后，桨手所耗费的劳动量是一样的。

# 1.13 热气球上的旗子

**题：** 在风的作用下，热气球朝北移动，那么系在吊篮上的旗子舞动的方向会怎样？

**解** 在空气中气流的控制下，气球与旗子是等速的。由于气球和它周围的空气是相对静止的状态，也就是说旗子就像是在一个无风或静止的空气中，它应该是垂直悬挂着的。即使风再大，都感受不到。

# 1.14 水纹

**题：** 将石头扔到静止的水中，会出现圆圈状的波纹，那么在流动的水中会是什么形状呢？

**解** 也许很多人会通过推理得到这样一个结论：在流动的水中，波纹既不会是椭圆也不会是扁形，通过实验我们会看到，不管水流急缓与否，所产生的波纹都会是圆圈状。通过简单的推理可以想象到：无论水的状态如何，石头所激起的波纹都应该是圆形的。我们将产生波动的水的运动看作是两种运动的结合，也就是辐射（由波动中心向外扩散）和传递（朝水流的方向运动）。如果在运动中的物体依次完成所有的运动到达了某个地方，那么它同时完成所有的运动也会到达这个地方。那么，石头掷入静止的水中产生了圆圈状波纹，即使水的状态改变了，但这种运动仍然保持，而且不考虑任何偏差因素，其波纹仍会是圆圈状的。

## 1.15 瓶子与轮船

**题：**（1）两艘轮船以不同的速度同向而行。当它们会合时，分别从船上扔下一个瓶子。15分钟后，两船同时调头并以原速度驶向自己的瓶子。试问，哪艘轮船会更快达到瓶子的位置？

（2）若开始两艘船是相向而行，那么又会有什么结果？

**解** 首先我们需要意识到，河流对瓶子和轮船的承载速度是一样的。也就是说它们的相对位置不会因为水流而改变，即水速相当于零。在这样相对静止的情况下，两船都经过15分钟后调头，到达瓶子的时间也是相同的，即使相向而行，答案也是一样。

## 1.16 生物与惯性定律

**题：生物是否遵循惯性定律？**

**解** 什么是惯性，就是物体会保持静止或匀速直线运动，直至外力改变物体的这种状态。而很多人都会觉得，生物在没有外力的作用下，是能够产生位移的。

但在惯性定律的定义里，所谓的外力其实是多余的。牛顿在《物理的数学起源》这本书中就没提到过这一词语。他说："任何物体都处在自身的静止状态或匀速直线运动中，因为物体本身的作用力并没有使其改变状态。"

从中，并没有说一定是外力使惯性下的物体改变状态的。并且我们也可从中获知惯性定律也同样适用于生物。

关于生物可以通过自身运动的现象，会在下文中提到。

## 1.17 内力和运动

**题：在无外力作用的情况下，物体自身是否能运动？**

**解** 关于这一问题，很多人带有偏见，认为物体不足以靠自身运动，但火箭就是推翻这一观点的很好例证。

可以肯定的是，整个物体都不能仅靠内力而保持一种状态。但这个力也并不一定要靠外力，它完全可以是自身的某部分产生的某种运动，比如一部分向前而另一部分则向后，火箭亦是如此。

身边常见的例子还有猫，想一下猫从空中掉落时都是脚爪朝下，这是利用脚爪朝一个方向翻转所带动身体朝反方向翻转。脚爪时而松开时而合上（体现了面积定律），完成一系列翻转后，也就通过内力完成了整个身体的翻转。

由于物体本身依靠内力所完成的运动并没有十足把握，所以所谓的内力作用并不被大众所认可，这一点也确实在力学相关的书籍中提到过。由于内力并不能使物体的重心发生改变，所以内力作用其实是不存在的。

# 1.18 摩擦是一种力

**题：** 摩擦本身并没有力的产生，但它为什么被称作是一种力呢？

**解** 所谓的摩擦力，它是物体运动产生的直接原因，但它也是运动的障碍。也正因如此，它被称作是一种力。牛顿对力的定义是这样的：力是一种为了改变物体静止或者匀速直线运动状态而作用在物体身上的。

物体与地面产生摩擦，而改变了匀速或静止的状态。因此摩擦是一种力。

但它与其他产生运动的力不同，它是非运动的力，因此被称为"被动"力，其他则称为"主动"力。

# 1.19 摩擦力的作用

 题：摩擦在物体运动中所起到的作用

**解** 以人走路为例。通常我们会觉得，摩擦力是人在行走中唯一的外力，即使在许多教科书和科普读物中也会这样解说。但值得思考的是：如果人走路所产生的摩擦力只能减缓运动而不是产生运动，那么会使它产生的运动吗？

关于人在行走中所产生的摩擦力，我们可以这样理解，行走如同火箭发射。向前行走的人，必定有身体的某一部分向后运动。关于这一点我们可以在光滑的平面上看到。但如果产生了足够大的摩擦力，身体的向后运动的那部分就不会向后了，随着重心的前移，自然也就向前行进了。

而使身体重心前倾的力就是肌肉收缩的力，即内力。那么，摩擦力就与行走时所产生的两个相等但反向的内力中的其中一个平衡掉了，这样也就只剩下了另一个向前的力。

无论物体运动的形式如何，摩擦的作用都是一样的。也就是说，任何物体都不是靠摩擦力的作用运动的，而是靠其产生的势能与内力的关系决定的。

 1.20 绳索的拉力

题: 如果握住被割断绳索的两端，并分别朝两个方向施加 10N 的力。或者将绳索的一端固定好，再对另一端施加 20N 的力。两种情况，绳索所受的力会不同吗？

解 通常人们会觉得上述两种情况下绳索所受到的力会是一样的。因为，两种情况所施加的力都是 20N。如果真的这么认为那就错了，在上述两种情况中，绳索的拉力是完全不同的。两种情况分别是，绳的两端各受力 10N 和各

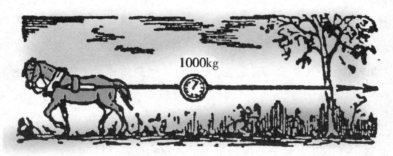

图1-8 测力仪器显示的是马的拉力或树木的拉力，而不是这两个力的和

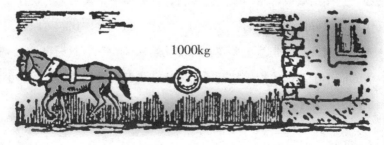

图1-9 此时墙的反作用替代了弯曲树木的拉力（与图8对比）

19

受力 20N，不要忽略了绳索固定端所产生的力。也就是说，第二种情况是第一种情况受力的 2 倍。

这里我们假设绳索被拉断后，将两头分别系在弹簧秤的环上和钩上。那么弹簧所显示的刻度分别会是多少，也许有人会认为分别是 20N 和 40N。在第一种情况中，两个固定在弹簧秤两端的绳子所产生的反方向的力分别为 10N。这力不是别的，就是我们双手分别施加的 10N 的拉力。每两个力都是相对的，也就不存在其他什么力了。

在第二种情况中，弹簧秤显示数量 20N。

#  1.21 马德堡半球实验

题：在著名的"马德堡半球实验"中，奥特·盖里克将两个铜质半球对接在一起，并使球体内部为真空状态，最后分别在两侧套上 8 匹马。又或者将半球一端固定在墙上，另一端套上 16 匹马，试问两种方法所带来的结果会有不同吗？

解 这个实验和上文中的很相似，那么我们也就可以知道，完全没有必要用到马匹，直接用墙或者树干就可以替代。这里体现了作用力与反作用力，墙体的反作用力就好似 8 匹马的拉力。为了使这个力变大，我们可以把另一半球上的 8 匹马套到这边，但这也并不意味着力会跟着翻倍，这时的力会是大于 8 匹马单倍的而小于双倍的力。相对用墙来代替八匹马是省力的。墙体会给半球一个相反的力，并不是马的反作用力。

## 1.22 弹簧秤

**题：** 一个大人和一个小孩分别能拉动 98N 和 29.4N 的弹簧秤。那么如果他们分别朝反方向拉动一根弹簧秤，弹簧秤会显示多少呢？

**解** 人们通常会得出一个像 98N 这样的错误答案，觉得大人拉住环那头，小孩拉住钩那端。但如果没有一个相等的反作用力时，98N 的力是无法拉动物体的。综上所示，小孩所用的力为 29.4N，那么大人也就只需用到 29.4N 的力就拉动弹簧。因此，弹簧会显示 29.4N。

也许会有人觉得难道小孩不用力，大人就不能拉出哪怕是 0.001N 的力吗？结论就是，无论在什么条件下，作用力和反作用力是同时存在的，并且不会被破坏。

人们通常对相等的力和平衡的力不太理解，认为作用力和反作用力是作用在不同物体上的，因此无法平衡。但这一观点不但使人看不到本质，而且还对牛顿第三定律的理解有偏差。

## 1.23 蹲在秤上

**题：** 站在一个刻度为十进位的秤盘上，在蹲下过程中，秤盘上的指针会有怎样的变化？

**解** 即使体重没有发生改变，但在蹲下过程中身体对双脚的力发生了改变，人下蹲时，一部分重力做功使人的重心下降，重力的剩余部分被秤的向上的弹力平衡，此时秤的读数小于人的体重。所以秤盘上的指针会向上移动。

# 1.24 气球里面

**题：** 在空中静止的热气球里垂下一段梯子（如图1-10所示）。一个人开始往上爬，那么，热气球会移动吗？

**解** 热气球是会移动的，而且会下沉。就好比人在即将靠岸的船上向岸边方向走，小船会在双脚力的作用下向后退。同理，人往上爬，人的重心上升，势能增加，于是气球会下沉气球的重心下降，势能减少。整个系统（人和气球）的势能保持不变，守恒。

而气球位移的大小取决于人的质量，气球的质量是人的几倍，那么位移的高度就是人爬升高度的几分之一。

图 1-10 热气球的运动方向

# 1.25 瓶子里的苍蝇

**题：** 将一只苍蝇密封在瓶子里，并将瓶子置于天平上（如图1—11所示）。如果苍蝇在瓶子里飞舞，天平刻度是否会有所变化？

**解** 曾在一本科学杂志上看到过这一问题，并且有6 名工程师对其进行了讨论，但最终都没有一个大家认可的答案。

在这里我们不需借助任何方程式，就可分析得出：若苍蝇离开瓶壁在同一水平面上水平飞行时，它扇动翅膀对瓶中空气的压力等于它自身的重量。它对空气压力延伸到瓶底，因此天平的刻度不会发生变化，和苍蝇停留在瓶壁时的状态一样。

但如果苍蝇不在同一水平面飞行，那么压力就会发生变化。若苍蝇向上飞行，那它对空气的压力就大于它的重量，瓶子变重，秤盘会下沉；相反，如果苍蝇向下飞，对空气的压力就小于它的重量，瓶子变轻，秤盘上升。

图1—11 苍蝇的飞行对天平的影响

23

# 1.26 麦克斯韦摆轮

**问题:** 在《荷马史诗》中曾描述过这样一个游戏,被系在活动的带子上的一根线轴,下落后会自己弹上来。从力学的角度看,这个游戏类似于"麦克斯韦摆轮"(如图1-12所示)。这里的旋转力是通过飞轮下落时带动轴线运转所产生的。飞轮在上升过程中,动能转化成了势能,使得速度变慢,最终停止旋转开始下落。直至能量在摩擦中以其他形式消耗完,不然飞轮就会像这样多次反复。

由麦克斯韦引出下面这个问题:将麦克斯韦摆轮的轴线固定在弹簧秤上(如图1-13所示)。若飞轮运动,弹簧秤的指针是否会有变化?

**解** 当结果计算出来时,人们很难相信,但它却是正确的。由于飞轮向下运动时不会将全部的重量施加在轴线上,因此弹簧秤的指针不会上升,并且指针在飞轮落下前都会保持一个微微翘起的状态。直到它处在运动轨迹的最低点

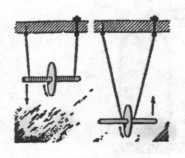

图1-12 麦克斯韦摆轮

图1-13 弹簧秤的变化

时，指针的刻度才会减小，否则又会保持原有的状态。

为了对上述结论加以论证，我们用能量守恒定律可以得出：

$$mgh= \frac{mv^2}{2} + \frac{kw^2}{2}$$

我们用 $m$ 代表飞轮的质量，$g$ 代表自由落体加速度，$h$ 则是飞轮下落的高度，$v$ 是运动的速度，$w$ 是角速度，$k$ 就是飞轮的惯性力矩，由于飞轮的旋转动能是它平移动能的几分之一，所以等式的右边就能够用某个大小 $qmv^2$ 来替代，这里的 $q$ 表示一个抽象的单位，只和 $k$ 有关，也就是说 $q$ 是个固定值，由此得出：

$$mgh=qmv^2 \text{ 即 } v= \sqrt{\frac{gh}{q}} = \frac{1}{\sqrt{q}} \sqrt{gh}$$

将它和自由落体的公式比较：

$$v_1= \sqrt{2gh} = \sqrt{2} \cdot \sqrt{gh}$$

飞轮保持着相同的下落速度：

$$\frac{v}{v_1} = \frac{1}{\sqrt{q}} \div \sqrt{2} \text{ 即 } v= \frac{v_1}{\sqrt{2q}}$$

此外，自由落体的速度和时间还有这样的关系：

$$v_1=gt \text{ 即 } v= \frac{gt}{\sqrt{2q}} = \frac{g}{\sqrt{2q}} t=at$$

这说明，飞轮是以匀加速运动下落的，并且加速度为 $a$，即 $\frac{g}{\sqrt{2}}$。由于 $q > 1$，那么 $a < g$。

我们也可以通过这个来证明飞轮是通过匀减速运动上升的，而且加速度无论是大小或是方向都还是 $a$。既然加速度得以确定，那么也就能计算出轴线在运动中所受的拉力了。有一小于飞轮重量的力使其向下运动，那么牵引力 $f$ 就是向上的力，即：

$$f=mg-ma$$

这也是轴线的拉力。那么飞轮在下落时，弹簧秤的指针应该在飞轮自身重量之上。

当飞轮向上运动时，轴线的拉力也用上面的公式表示。

这也就证明了无论飞轮上升或下降，都无法改变弹簧秤的指针位置。即使在飞轮达到最高点时，等式 $f=mg-ma$ 依然成立。

但当飞轮运动到最低点时，会有一个很大的向下的力，指针也会发生改变，出现这种力的原因是其在运动过程中产生了离心力。弹簧指针的刻度将呈现出飞轮在运动过程中最低的刻度。

## 1.27 木工水平仪

**问题：** 木工水平仪（带气泡）在行进的火车上能否测量路面的倾斜度？

**解** 火车在行进过程中，水平仪上的气泡会从中心向两端移动。那么就很难在行进过程中对路面进行测量，因为火车即使是在水平地段，加速或减速都会使气泡向两端移动。只有在火车保持匀速的状态下，才能保证水平仪正常使用。

如图 1-14 所示，将 $AB$ 看做是水平仪，$P$ 是水平仪在火车静止时的重量。火车加速行驶在箭头 $MN$ 方向的水平面上。若水平仪下的底座向前滑行，那么水平仪的气泡就会反方向移动。图中的矢量 $OR$ 表示向后的力。$Q$ 代表 $P$ 和 $R$ 两个力的矢量和，并作用在水平仪上，类似重力的作用。若水平仪的铅

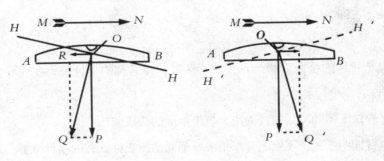

图 1-14 ～ 15 火车行进中水平仪上气泡的误差

垂线沿 $OQ$ 的方向，那水平面就会倾向 $HH$ 而移动，而铅垂线上的气泡就会走向 $B$ 端，相对于新的水平面来说，$B$ 端已经微微上翘。上述情况是在非常水平的路面才会发生的。但只要路面有坡度，火车加速度改变了，水平仪所呈现的路面情况就会出现误差。

以火车刹车为例，如图 1-15 所示，$R$ 表示保持水平仪向前的力，若没有摩擦力，水平仪就会在这个力的作用下冲到火车的前壁。$Q$ 也就是 $R$ 和 $P$ 的合力会指向前下方，即使火车是在水平面上行进，水平面暂时倾向 $H'H'$ 距离内，但气泡还是会向 $A$ 端移动。简而言之，只要加速度存在，水平仪的气泡就会运动，所显示的也就是火车加减速度时的波动。只有在加速度消失的情况下，水平仪才能正常工作。

因此，我们不能在行进的火车上使用水平仪来测量路面的倾斜度。因为道路在转弯时会产生水平离心力，这也会使水平仪失效。（详见《趣味力学》第三章）。

## 1.28 烛火的摆动

题：（1）我们发现在挪动燃烧的蜡烛时，火焰会随之摆动，若将蜡烛封闭在一个灯笼里，挪动灯笼，火焰又会产生怎样的变化呢？

（2）如果用手在灯笼外匀速画圈，火焰又会怎样呢？

解 （1）也许有些人会觉得封闭在灯笼内的火焰不会摆动，但其实它会向前移动，因为处在封闭空间中的它密度更小，相同的力作用在质量较小的物体上时会产生更大的速度，反之亦然。因此密闭空间内烛火的速度比空气大，所以会向前摆动。

（2）用相同的原理来解释：烛火密度依旧比周围空气小，那么这里火焰会向里而不是向外移动。我们可以回想一下离心机中运动的球体内水银和水的位置（水银的相对位置更远）。若将与旋转轴心相反的方向，也就是物体在离心力作用下所产生的方向，视为"下面"的话，那么后者就会漂浮到水银上。灯笼处在圆周运动的状态，烛火的密度相对来说就较小，所以会"漂"到空气的"上面"，也就是旋转轴心的方向。

# 1.29 被折断的杆

**题：** 如图1-16所示，一根处于平衡状态的均匀杆，如果将其右边截取下来一部分叠加到剩余部分上（如图1-17），那么杆的比重会有什么变化？

**解** 很多人觉得杆两端的重量并没有发生改变，所以认为它会仍然保持平衡，其实不然。杠杆上均等的条件是，它们的长短比例与力臂比例成反比。由于杆被折断，中心点不变，力臂发生了变化（如图1-18所示），但又因为中

图1-16 平衡状态下的杠杆　　　　图1-17 杠杆此时还会平衡吗

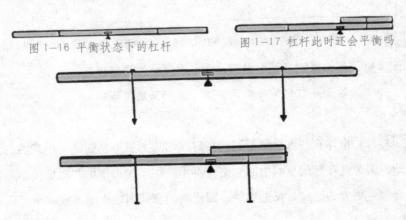

图1-18 左边力矩大，右边上沉，右边上翘

心点两端的重量是相等的，所以就难以保持平衡了。由于左边的重量离支点的距离比右边重量离支点距离远一倍，因此左边力矩大，左边上沉，右边上翘。

## 1.30 两根弹簧

题： 若保持图1-19的状态，两根弹簧所承载的负荷会是相同的吗？

解 它们所承载的负荷是相等的。如图1-20所示，在 $C$ 和 $D$ 这两个点上将砝码 $R$ 的重量分置在 $P$ 和 $Q$ 这两个力上。因为 $MC=MD$，而 $P=Q$，那么杆的倾斜状态并不会使力发生改变，也就仍保持平衡状态。这就像是两个扛着家具上楼的人，人们总会认为后面的比前面的要累，因为感觉家具给的力是向下倾斜的，但事实上力的方向是垂直的，所以他们所受的负荷是一样的。

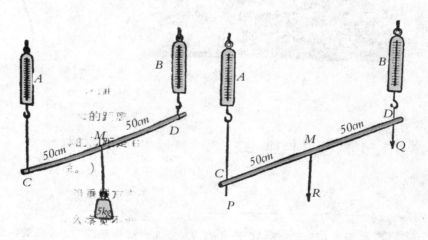

图1-19 两根弹簧所受负荷一样吗？

图1-20 两根弹簧有着相同的拉力，因为 $P=Q=\frac{1}{2}R$。

# 1.31 杠杆

**题：** 如图1—21所示，将手柄 *ABC* 折弯，将支撑点落在 *B* 上，若想用最小的力使 *A* 摆动，那么作用在手柄末端 *C* 点上的力 *F* 力的方向应是怎样的？

**解** 如图1—22所示，只有在保持较大力臂的情况下，才能用最小的力获得所需的力矩，所以力 *F* 的方向就是与 *BC* 线呈直角状态。

图1—21 弯曲杠杆的问题

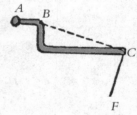

图1—22 力的方向

# 1.32 在秤盘上

**题：** 如图23所示，重60千克的人站在与滑轮相连的30千克的秤盘上，若想使秤盘不下滑，那么人作用于 *a* 端的力的大小是多少？

**解** 如图 1-24 所示，有两根绳的拉力作用在上面的滑轮上，这个拉力的大小就是人和秤盘的重量之和，即 90 千克。绳 c 与 d 的拉力大小相等，分别是 45 千克。而承受下面滑轮的 45 千克力又是绳 a 和 b 的拉力之和，因此 a 的力也就是 22.5 千克。

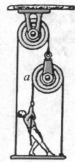

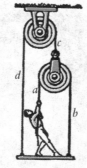

图 1-23 作用于 a 端的力的大小　　　图 1-24 对问题的解析

## 1.33 绳子的垂弛状态

题： 如图 1-25 所示，需要多大的拉力可使绳子绷直？

图 1-25 绳子的状态

**解** 无论多大的力都无法改变绳子的垂弛状态。作用在垂弛状态的绳子上的重力是垂直向下的。但对于绳子来说，这个垂直方向的拉力并没有任何意义，无论怎样，这两个力都无法产生向上的合力以平衡向下的绳的重力以达到平衡状态，也就是它们的合力不可能为零。这种合力使绳子保持着垂弛的状态。

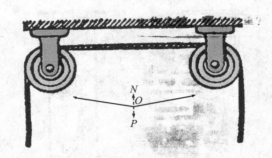

图1-26 为了使绳子不垂弛，不能像这样拉绳子

我们无法使绳子处在绷直的状态，只能尽量做到理想化的程度，但绝不是完全绷直。所以处在非垂直方向上的绳子保持着垂弛的状态，包括传送带。如图1-27所示的吊床，也是同样的道理，我们无法把吊床绷到水平状。只要有力的作用，它就会弯曲。

图1-27 吊床无法保持水平状态

# 1.34 汽车被困

**题:** 汽车陷进坑里, 用一根绳子拴在车上, 另一端固定在树上, 然后与绳子呈直角方向用力拉拽使汽车挪动, 试问上述方法的依据是什么?

**解** 原始方法: 只要是与绳子成直角的力(如图 1-28 所示), 无论大小如何, 绳子都会受到这个力的作用, 道理等同于绷直的绳子被拉弯。所以只需一个人的力气就能使一辆重型汽车移动。如图 28 所示, 人的拉力 C 被分解成沿绳子的两个力 CQ 和 CP。在树桩稳固的条件下, CQ 方向的力抵消了树桩的阻力, 使大于力 CF 的力 CP 将汽车拉动。角 ABC 的度数越大, 绳子绷得就越紧, 也就越能将车拉动。

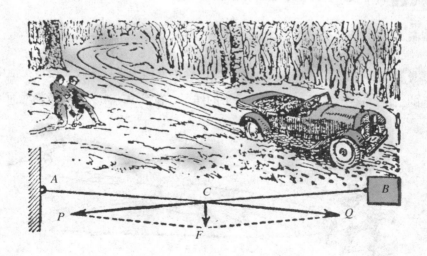

图 1-28 使汽车从坑中逃脱的方法

## 1.35 摩擦力与润滑剂

**题：** 润滑剂有减小摩擦力的作用，那么能减小多少呢？

**解** 润滑剂可以使摩擦力变为原有平均值的十分之一左右。

## 1.36 空中或冰面

**题：** 将小冰块扔向空中或沿着冰面滑行，哪种方法会使其更远？如图1—29所示。

**解** 这时有人就会将空气的阻力和冰面的摩擦力进行比较，得出在空中更远的结论。这个结论显然忽略了重力的作用，在空中的冰块始终是朝地面运行

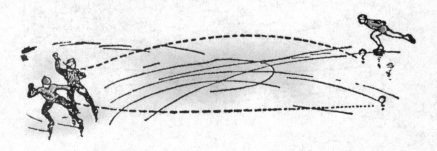

图1—29 在空中飞行的冰块与冰面滑行的冰块

的，为了更容易理解，我们忽略空气的阻力，因为相对于人扔出的物体的速度来说，阻力的确可以为零。

在真空中，若所抛物体的角度与水平面成45度，就是它最远的飞行距离。在力学领域中，下面的公式表示物体飞行的距离：

$$L = \frac{v^2}{g}$$

这里，$v$ 代表初速度，$g$ 则代表重力加速度。题中冰块沿着冰面滑行，产生摩擦力 $f = kmg$，其中 $k$ 是摩擦系数，$mg$ 也就是冰块的质量与重力加速度的乘积，即它的重力，而物体在运动过程中产生的动能为 $\frac{1}{2}mv^2$，因此得出：

$$\frac{1}{2}mv^2 = kmgl'$$

这里的 $l'$ 代表冰块滑行路面的长度，即 $l' = \frac{v^2}{2kg}$，若冰块与冰面间的摩擦系数为 0.02，即：

$$l' = 25\frac{v^2}{g},$$

也就是说，冰块在冰面上的滑行距离是在空中飞行距离的 25 倍。但是如果把冰块从空中落到冰面上之后的滑行距离加上的话，也就没有这么大的倍数差了，但即便如此，仍是始终在冰面滑行距离远。

## 1.37 自由落体

**题：** 试问，静止的物体在怀表"滴答"一声做自由落体运动所经过的路程是多少？

**解** 如果你们以为这里的"滴答"一声为 1 秒，那就错了，怀表"滴答"一声只有 0.4 秒，因此它的路程为：

$$9.8 \times \frac{0.4^2}{2} = 0.784\text{m}$$

也就是 80 厘米左右。

## 1.38 跳伞运动

**题:** 关于延迟开伞这个问题，1934 年世界跳伞运动记录的保持者艾佛德吉莫福曾做过一件与自由落体定律相悖的事情，即在伞包未打开的情况下，142 秒内滑落了 7900 米之后突然打开了伞包。但依自由落体定律理解的话，7900 米所消耗的时间应为 40 秒，若为 142 秒，那么就应该是 100 千米。那么我们怎么来解释这一现象呢？

**解** 其实我们可以将那段没打开伞包的自由落体看作是没有受到阻力的作用，但这其实又与没有阻力作用的情况不同。

我们就尽可能地将真实情况还原，为了方便计算，我们将根据实验得出的接近准确的空气阻力的值 $F$ 视为 $0.03v^2$kg，即：

$$F=0.03v^2\text{kg}$$

将物体在一秒内降落数米的速度用 $v$ 表示。我们知道，阻力与速度的平方成正比，阻力会随着运动员下降速度而增加，并在某一时刻与物体重量相等。也就在这时，下降的速度将不再增加而是变成匀速。而上述情况的存在条件就是，运动员的体重（包括伞包）为 $0.03v^2$ 时，假设他的体重是 90 千克，即：$0.03v^2=90$，则 $v=55$m/s，也就是说，当速度为 55m/s 时，才能保证运动员不会加速降落。那么，我们就再计算一下达到这个速度所需要的时间。这里我们将空气阻力视为零。将物体看作自由落体，那么加速度为 9.8m/s²，因受空气阻力影响，而在最后加速度减为零。因此得出平均加速度：

$$\frac{9.8+0}{2}=4.9\text{m/s}^2$$

那么，在这个平均加速度下，速度达到 55m/s 所需的时间就为：

$$55 \div 4.9 \approx 11s$$

物体在 11 秒内所走过的路程就是：

$$S = \frac{at^2}{2} = \frac{4.9 \times 11^2}{2} \approx 300m$$

那么艾佛德吉莫福跳伞的情况就应该解释为：在最初的 11 秒内，降落加速度在逐渐变小，直到速度为 55m/s 时，下降了约为 300 米的路程。延迟跳伞后匀速降落，并且速度为 55m/s，而此时的匀速时间精确为：

$\frac{7900-300}{55} \approx 138s$，而整个延时的时间是 11+138=149s（和 142s 接近）

当然，这些时间也都是建立在一些假设的情况下得出的。但是通过比较可以知道，如果运动员的总重量为 82 千克，那么他在跳伞的第 12 秒时，也就是降落了 425 米至 460 米时，速度最大。

## 1.39 扔瓶子的方向

问题：将瓶子从行驶的车厢中扔出，朝哪个方向能使瓶子破碎的危险性降低？

解 通常，如果是一个人从火车上跳下来，朝着火车行驶的方向朝前跳会降低危险，所以也会认为扔瓶子也同理。

其实这个观点是不对的，为使瓶子在被抛出的瞬间所获得的速度不受惯性的的影响，所以瓶子应该向后扔，与地面接触时速度才最小。瓶子向前扔，只会增大撞击力。

但要记住的是，如果对于人来说还是朝前跳较安全。

## 1.40 扔出车外

**题：** 在汽车静止或行驶的两种情况下将物体扔出车外，试问物体落地的时间会有怎样的变化？

**解** 值得注意的是，重力不仅作用于不带初速度的物体，对于像这种带有一定初速度的被抛物体也同样，并且两种物体的降落加速度应该是相同的。那也就是说，无论汽车是静止还是运行，被扔的物体都会在同一段时间内落地。

## 1.41 三发炮弹

**题：** 在同一点以同一速度，分别成30°、45°、60°的角将三发炮弹射出，此处将阻力视为零，如图1—30所示。试问图中显示炮弹走过的路线正确吗？

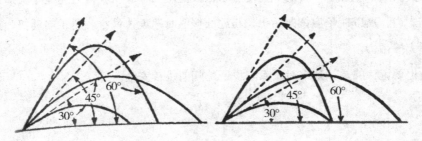

图1—30 这幅示意图是否正确　　　　图1—31 对问题41的回答

**解** 任意两个互补的角度发出的炮弹飞行的距离应该相等的，也就是说以 30° 与 60° 角发射的炮弹飞行距离应是相等的，而图 1-30 并非如此。而 45° 角发射的炮弹应该飞行距离是距离最远的，应是弹道最高点到地面距离的 4 倍，在图 1-30 中反映出来了。在这里附上三个角度正确的示意图。如图 1-31 所示。

## 1.42 抛物线

**题：** 将物体在与水平线成一定的角度抛出所形成的曲线会是怎样的？（忽略空气阻力）

**解** 关于这一问题，在许多著作中都有体现，学者们大致认为物体在真空中做抛物线运动。其实这只是物体真正运动轨迹的一个近似描述，大多数人不会对此质疑，但它的存在其实是有条件的：抛向空中的物体初速度不大，物体离地面很近，因重力而减小的速度视为零。

若被抛物体在空中保持着不变的重力，那么它的轨迹就是严整的抛物线弧线。但实际就如平方反比定律，吸引力的大小与距离的平方成反比，被抛的物体应该遵循开普勒第一定律，也就是沿焦距位于地球中心的椭圆运动。

也就是说，问题中所谓的真空中的抛物线弧线运动是不存在的，而是沿椭圆轨道运动，以现代炮弹为例，两条弹道之间几乎没有什么不同。但随着技术的发展，还会涉及

图 1-32 真空中，与水平面的一定夹角抛出的物体沿艾利普斯弧线运动，这里焦点 F 是地球的中心

到液体火箭的研究层面，对于大气层外的火箭轨道就更不能定义为抛物线了。

##  1.43 炮弹的最大速度

**题：** 炮兵们认为炮弹的最大速度是在离开弹槽后，这种观点对吗？

**解** 火药气体对炮弹施加的压力如果大于空气的阻力，那么它的速度就会递增。在炮弹离开弹身后，火药气体仍会对它施压，即气体推动炮弹继续前进，而这个力在最初一段时间内比空气阻力要大，也就是说炮弹的速度还会递增。只有火药气体逐渐在空气中扩散，炮弹所承受的压力才会逐渐变小，也就是空气阻力大于压力的情况，炮弹的速度才开始变小。

这样来看，炮弹的确是在离开弹槽后，并经过一段距离之后获得了它最大的速度。

## 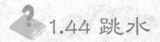 1.44 跳水

**题：** 如图 1-33 所示，为什么说高空跳水会伤害身体呢？

**解** 由于从高处降落时所累积的速度会在非常短的路程里骤减为零。例如，一个人从 10 米的高处跳进 1 米深的水中，那么他在 10 米的自由落体过程中所产生的速度要在 1 米内消失。这时产生的负加速度会是自由落体时加速度的

10 倍，而他向下跳水的压力是由重力产生的，相当于原有压力的 10 倍，也就是说要承受的相当于自己体重的 10 倍力，所以说即使只是作用于跳水的短时间内，也会给身体造成伤害。由此我们可以知道，为了减小跳水运动给人们造成的伤害，就需要增加水的深度，以保证有更大的距离来减慢降落时累积的速度，使负加速度变小。

图 1-33 高空跳水

## 1.45 桌子边缘

**题：** 如图 34 所示，将球放在桌子的边缘处，铅垂线穿过桌面的中心并与桌面保持绝对垂直，忽略摩擦力，球会处于静止状态吗？

**解** 在铅垂线穿过桌面中心的情况下，相对桌面中心来讲，桌沿离地心更远，或者说更高，但也并没有很大的差距。若忽略摩擦力的存在，那么球应该从桌沿向桌面中心滑动。但是，由于动能的存在，球不会停下来，而是朝着同一桌

图 1-34 球的运动状态　　　　图 1-35 球滑动方向

面的相对点滑动，也就是另一边的桌沿。然后，球就会重新滑到最初的位置，并且这样周而复始地往复运动。也就是说，在不考虑摩擦力与空气阻力的情况下，球会在光滑平面上往复地运动（如图1-36）。

曾有一个美国人，在这个原理上，力求发明出一个永动的东西。其实，如果摩擦力真的不存在，那么他的永动方案是可行的，如图1-37所示。我们会发现，可以通过更简单的方法完成永动：就像绳上摆动的物体，如果忽略支点上的摩擦力和空气阻力，那么这个物体就永远不会停止摇摆[①]。但是像这样的仪器却无法做到。

曾有个读者提出了一个值得借鉴的不同观点。他认为我们的论述中存在两个角度的问题：几何角度和物理角度。站在几何的角度上，我们认为太阳的光线会聚焦在球体的表面，但在物理的角度上，这些光线却被认为是平行的。也就是说，实验中对于地球上两条相距1米的铅垂线如果站在几何的角度就是穿

图1-36 即使不考虑摩擦，球也不会保持静止状态

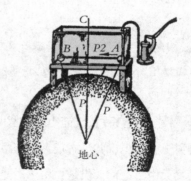

图1-37 一种"永动机"的设计草图

①巴黎天文台曾经在支点摩擦力最小的情况下，做过一个真空摆锤实验；摆锤晃动了30个小时。引起人们关注的是挂在伊萨基耶夫教堂楼上98米高的摆锤是怎样慢慢停下来的。最初12米的摆动幅度会在3小时后变为原有的十分之一。最初观察的6小时，摆幅会逐渐缩小为6厘米，9小时后就只剩6厘米。而当12小时后，肉眼就基本察觉不到它的摆动幅度了。其实，通过计算能够得以验证读者的观点是错的。两条间距为1米穿过地球的铅垂线形成了一个角度，这个角度与指向那些点的太阳光成23 000的倍数关系。那个能使球体滚动的力约为球体自重的千分之一。在不考虑任何阻力的情况下，无论力的大小如何都可以使物体运动。何况上述所提到的力并不小。这就像是一个能使海潮爆发的力，即使是有阻力的存在，后一个力也能将其作用发挥出来。

过了地心，但若站在物理的角度就应该是平行的。于是所谓的那个驱使球滚动的力在物理上应该视为零：这样也就无法看到球体的运动。

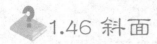 1.46 斜面

题：如图 1—38 所示，木块在 B 状态下时克服摩擦力沿着斜面 MN 滑动，若将它变成 A 状态，在无外力作用下，它能否滑动？

解 此时有人考虑到了木块在 A 状态下，单位面积施加的压力变大了，因此摩擦力变大，但其实摩擦力的大小与接触面积没有关系。也就是说，只要木块能在 B 状态下克服阻力运动，那么在 A 状态下也同样可以。

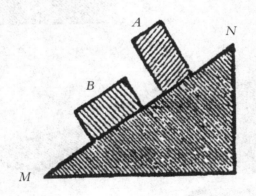

图 1—38 方木块在斜面滑动

## 1.47 两个球

问题：（1）在图1-39中，从与地面相距高度为 $h$ 的 $A$ 点，使两只球分别做沿 $AC$ 面的运动和 $AB$ 方向的自由落体运动。那么，最终哪只球会获得更大的平移速度呢？

（2）两只相同的球，分别沿斜面和两片平行的三角木板间向下滚动，（如图1-40所示），这两种情形下的斜面倾斜角与下落高度相同。试问，它们到达斜面底部的时间会是怎样的？

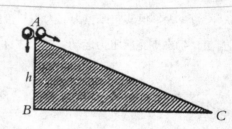

图1-39 两个球问题一

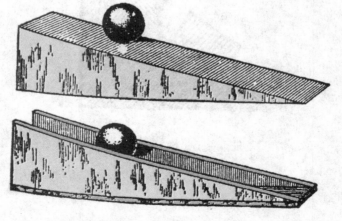

图1-40 哪个球滚动得更快些

解 关于问题一，需要注意的是，垂直落体运动的球只做平移运动，而沿平面滑动的球还多了旋转运动。有许多中学教科书都将这点忽略了。而以上情况会通过下面的计算让大家知道它是如何影响物体速度的。首先来分析垂直落体的球所产生的能量转换，这里得出了公式：

$$Ph = \frac{mv^2}{2}$$

这里的 $P$ 表示球的重力，即：

$$mgh = \frac{mv^2}{2}$$

若将等式中球的重力用 $mg$ 表示，则 $v = \sqrt{2gh}$，这里 $h$ 代表斜坡的高度。

再来分析一下沿斜面运动的球，不同的是，这里的势能 $Ph$ 转换成了速度 $v^1$ 的平移动能与角速度 $w$ 旋转动能的和。前者的大小为 $\frac{mv_1^2}{2}$，后者则是 $\frac{kw^2}{2}$，这里的 k 代表惯性力矩。因此得出等式：

$$Ph = \frac{mv_1^2}{2} + \frac{kw^2}{2}$$

我们可以通过力学教材知道，质量为 $m$、半径为 $r$ 的匀质球体，它的惯性力矩相对于通过中心的中轴线来说等于 $\frac{5}{2}mr^2$，通过计算得出角速度 $w = \frac{v^1}{r}$。因此旋转的动能为：

$$mgh = \frac{mv_1^2}{2} + \frac{mv_1^2}{5}，即 gh = 0.7v_1^2$$

由此得出平移速度：$v_1 = \sqrt{2gh} \cdot \sqrt{\frac{5}{7}} \approx 0.84$

通过比较我们可以看出两个速度间有着很大的差异：无论半径和质量如何，滑落的球都将比自由落体的球的速度约小 16%。

如果在高度相同的情况下，将球处于斜面和平面，那么可以确定的是在斜面上的速度无论处在路径上的哪一点都将比后者小 16%。在忽略摩擦力的情况下，滑动的球比滚动的球到达斜底所需时间少 16%。关于时间方面，垂直落体运动的物体所用时间比滚动的球少 16%。

在物理学中的自由落体定律，就是伽利略将球体放到一个长度约为 6 米、高度 0.5 ～ 1 米的坡槽中做实验得来的。也许有人会对伽利略的实验产生质疑，认为他所选择的路径有问题。但滚动的球在平移过程中，有着不变的加速度，这是因为在坡槽任一点的速度都是同一水平面上垂直落体的球体速度的0.84。所经过的路程与时间之间的关系和自由落体的物体是相同的。这也是伽利略实验正确的原因所在。

他曾这样写过："我发现，如果将球置于原槽长四分之一的槽内，它所需的时间恰巧是原来时间的一半……即使将此实验重复上百遍，也还是同样的结论。"

（2）关于第二个问题，我们会发现两个球体因质量相等，并且是在同一高度下落，所以在最开始的势能是一样的。此外，夹在木板间运动的球所形成的圆圈形半径要比在平面滚动的小。这里我们用（$r_2 < r_1$）来表示。

对于沿平面滚动的球来说，结论如同问题一，即：

$$Ph = \frac{mv_1^2}{2} + \frac{k\omega_1^2}{2}$$

而相对于夹在木板间的球体则为：

$Ph = \frac{mv_2^2}{2} + \frac{k\omega_2^2}{2}$，将 $\omega_1 = \frac{v_1}{r_1}$；$\omega_2 = \frac{v_2}{r_2}$ 代入得：

$$\frac{mv_1^2}{2} + \frac{kv_1^2}{2r_1^2} = \frac{mv_2^2}{2} + \frac{kv_2^2}{2r_2^2}$$

通过换算得出：

$$v_1^2 \left(\frac{m}{2} + \frac{k}{2r_1^2}\right) = v_2^2 \left(\frac{m}{2} + \frac{k}{2r_2^2}\right)$$

$$\frac{v_1^2}{v_2^2} = \frac{\left(\frac{m}{2} + \frac{k}{2r_2^2}\right)}{\left(\frac{m}{2} + \frac{k}{2r_1^2}\right)}$$

由于我们已知 $r_2 < r_1$，因此从公式右边来看得出 $v_1 > v_2$，也就是说，沿平面运动的球会比夹在木板间的球运动得快，并更早到达坡底。

图1-41 夹在平行三角木板间的球做匀加速运动

# 1.48 两个圆柱体

**题：** 两个重量和外表完全相同的圆柱体。一个为纯铝制，另一个为铅制外壳，软木填充内部。试问，在将两者严密包裹下如何分辨它们的材质？

**解** 在奥扎纳姆的《数理娱乐》一书中有这样一个颇有历史性的题目："假设有两个分别为纯金和银质实心的镀金球，在重量相同的情况下，它们能够得以区分吗？"

奥扎纳姆认为，尽管这在出题人所在年代被认为是无法解决的，但一定存在区分它们的方法。"我将球分别紧密地陷在放进铜质的圆形洞里，然后用高于沸水的温度将其进行加热，由于银比金容易膨胀，因此观察哪个球会胀得大些，能先挤出那个洞则就是银球。"

很明显，理论上讲这个方法是可行的，但对于题中被纸包裹起来的球就无法适用了。不过解此题也还是可以采用同样的原理。

我们可以借鉴1.47题中的思路，也就是依靠惯性力矩的大小，纯铝制与混合型的圆柱体惯性力矩的大小是不同的，因为混合型材质的大部分质量都分布在外壁上，那么根据这一点，我们可以将两个球沿斜坡运动，通过比较平移速度来进行区分。

依据力学原理，匀质的圆柱体的惯性力矩 $k$ 为 $\dfrac{my^2}{2}$，对于混合型的圆柱体我们就需要一些数据即材质的密度：

软木     0.2

铅       11.3

铝       2.7

并用 $x$ 表示所求半径，$r$ 表示整个圆柱体的半径，$h$ 代表圆柱的高度，则可得出：

$$0.2\pi x^2 h + 11.3(\pi r^2 h - \pi x^2 h) = 2.7\pi r^2 \text{h}$$

等式表明了物体的质量关系，通过化简我们得到：

$$11.1x^2 = 8.6r^2$$

即：$x^2 \approx 0.77r^2$

由于我们所需的是 $x^2$ 的值，所以无需开方。

混合圆柱体中软木部分的质量通过等式表示为：

$$0.2\pi x^2 h \approx 0.2\pi 0.77r^2 h \approx 0.154\pi r^2 h$$

外壁铅壳的质量为：

$$2.7\pi r^2 h - 0.154\pi r^2 h \approx 2.55\pi r^2 h$$

两者分别占总质量的 6% 和 94%。

而混合圆柱体惯性力矩是它两者混合的力矩之和，也就是软木和铅壁的和。

半径为 $x$，质量 $m_1$，$=0.06m$ 的软木圆柱的惯性力矩是：

$$\frac{m_1}{2}x2 \approx 0.06m \times 0.77r^2 \approx 0.0231mr^2$$

半径是 $x$ 和 $r$，质量 $m_2=0.94m$ 铅圆柱壳的惯性力矩是：

$$m_2\frac{x^2+r^2}{2} \approx 0.94m \times \frac{0.77r^2+r^2}{2} \approx 0.832mr^2$$

那么，混合圆柱的惯性力矩 $k_1$ 就是：

$$k_1=0.231mr^2+0.832mr^2 \approx 0.86mr^2$$

因此，我们得到了匀质圆柱体的平移速度公式：

$$mgh=\frac{mv_1^2}{2}+\frac{mv_1^2}{4} \text{ 或 } gh=\frac{3v_1^2}{4}$$

即：$v_1 \approx 0.8\sqrt{2gh}$

那么混合圆柱体的平移速度就是：

$$mgh=\frac{mv_2^2}{2}+\frac{0.86mr^2+v_2^2}{2r^2} \text{ 或 } gh \approx 0.5v_2^2+0.43v_2^2 \approx 0.93v_2^2$$

即：$v_2 \approx 0.73\sqrt{2gh}$

通过比较，我们可以得知混合型的平移速度比匀质型的小 9%，即它比匀质型会更晚地滚到坡底。

# 1.49 天平上的时间计时器

**题：** 在不考虑外力的作用下，将五分钟的沙漏放在精密的天平上，并用砝码称其重量，如图 1-42 所示。

开始沙漏计时，试问，天平在五分钟内会发生怎样的变化？

**解** 对于容器底部来说，首颗滴漏的沙粒还未触及容器底部时并没有力的施加。所以我们可以认为有沙漏这边的托盘轻些，即向上抬起。但这并不是实验要说明的问题。放有沙漏的天平一端只会在最初短暂的时间里晃动一下，并在以后的五分钟内处于平衡状态，直到沙粒滴完，然后放有沙漏的这一端开始向下运动，随后天平也重新恢复平衡状态。

既然容器底部起初不受到未漏沙粒的影响，那是什么原因使天平在五分钟内保持平衡状态呢？值得注意的是，每秒内离开瓶颈的沙粒数就是到达容器底部的沙粒数。（展开联想，假设当瓶底沙粒数比离开瓶颈沙粒数多时，多出来的沙粒是来自哪里？反之，少的那部分又去了哪？）那么，每秒内落向容器底部过程中的沙粒处于失重状态，最终它才落到了底部。我们将沙粒降落的高度设为 $h$，则有：$h = \dfrac{gt^2}{2}$ 这里 $g$ 表示重力加速度，$t$ 是降落的时间，由此得出：

$$t = \sqrt{\dfrac{2h}{g}}$$

沙粒在这段时间对天平没有力的作用。而在这段时间内，天平托盘减去的沙粒的重量可以通

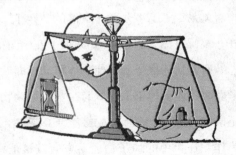

图 1-42 天平上的计时器

49

过其对天平所产生的冲击力的作用冲量的大小来表示：

$$J=pt=mg\sqrt{\frac{2h}{g}}=m\sqrt{2gh}$$

而在这段时间里，一粒沙滴落在容器底部的速度 $v=\sqrt{2gh}$

这个沙漏的冲击作用就是沙粒的动量，即：

$$J_1=mv=m\sqrt{2gh}$$

这时我们会发现两个冲击作用 $J$ 和 $J_1$ 的大小相同，也就是说方向不同但大小一样的力使得天平保持着平衡状态。

更准确地说，只有在滴漏的第一秒与最后一秒才会打破这种平衡状态。第一秒，虽然已有沙粒处在失重状态下，但还没有作用于容器底部，所以沙漏这端的天平会翘起；而最后一秒，没有沙粒处在失重状态了，所以托盘会下沉。然后又恢复到平衡状态，并结束了整个运动。

## 1.50 漫画中的力学

题：试问，图1-43中的漫画展现了怎样的力学原理？

解 其实这是牛津大学的力学教授、儿童科普读物《爱丽丝梦游仙境》的作者刘易斯·卡罗尔关于著名的"猴子"的一个变体。当时他给大家提供了这样一幅画（图1-44），并问猴子开始向上爬时，重物的移动方向是怎样的？

有人认为猴子不会使物体移动，即砝码保持静止，也有人认为当猴子向上攀爬时物体会掉下来，只有少数人认为物体与猴子会同向运动，当然，这也是正确的答案[1]。无论是人或者猴子在向上运动时都会使重物向上而非向下，因为作用在手中的绳子的运动方向应该是相反的，也就是向下的（可以与第24

①在摩擦力较大的情况下，重物可能不会移动，此外我们能预测到砝码与猴子的重量相当。

个问题作比较：人沿着热气球上的梯子向上爬）。如果绳子沿着滑轮从左至右地运动，那么重物就会被拉上去，也就是向上运动。

漫画中的人拉着绳子向上爬，就会将装满英镑的钱袋拉上去。

图1—43 当英国部长向
上爬时，钱袋会向下运动

图1—44 刘易斯·卡罗尔《关于猴子的问题》

# 1.51 滑轮上的砝码

**题：** 如图1—45所示，将两端分别挂有重1千克和2千克的滑轮挂在弹簧秤上，那么弹簧秤上所显示的会是谁的重量？

**解** 很显然2千克的砝码会掉下来，但它的加速度会比自由落体的加速度 $g$ 小一些。在这里运功合力为2—1，质量则是2+1，那么物体下落的加速度 $a=\dfrac{1}{3}g$，那么动力 $F$ 的大小就是：

$$F=ma=m \cdot \frac{1}{3}g=\frac{1}{3}P$$

这里的 P 表示砝码的质量，就是 2 千克。即重 2 千克的砝码被重 $\frac{2}{3}$ 千克的力拽下来。为什么不是 2 千克的力使其运动呢？因为还有 $2 - \frac{2}{3}$，也就是绳的牵引力将其向上拉动。所以挂在滑轮每端的均为 $\frac{4}{3}$ 千克，那么合力就是 $\frac{8}{3}$ 千克，也就是弹簧秤上所显示的数目。

图 1—45 弹簧秤的显示

 ## 1.52 圆台体的重心

题：将纯铁质的圆台体如图 1—46 放置。如果将它倒过来，重心会变化吗？

解 重心的位置是由物体的质量分布决定的，它不会随着物体本身的位置而改变，因此即使倒置也不会使其重心发生变化。

图 1—46 圆台体的重心问题

 ## 1.53 在下降的电梯里

题：如图 1—47 所示，一个人站在电梯内的秤盘上，突然电梯由于线缆断了而做自由落体运动。

（1）在下降过程中，秤盘会怎样变化？

（2）如果将一个打开的水瓶倒置，水会流下来吗？

**解** 这里有个很特别的地方，那就是所有站在电梯内物体的速度都和底部下降的速度相同，而悬着的物体则会以它们支点的速度下降，也就是说这些物体就像是处在失重状态。从手中滑落的物体不会掉在地上，而是停留在刚刚离开手的位置，这是因为它有着与电梯相同的降落速度。简单说，就是降落的电梯内属于一个失重空间，由于很多实验会被重力所影响，所以这看起来是个很好的物理实验室。

对于上述两个问题我们也就有了答案：

（1）人不会对秤盘施加压力，所以指针应为零。

（2）水不会流下来。这种现象并不只存在于坠落的电梯内，对于上升的电梯也同理，只要它在引力场内作惯性运动。并且无论是电梯本身还是处在它内部的物体都有着相同的加速度，就位置而言也不会产生变化，即使没有重力的作用也同样如此。

上述现象也同样会发生在某些技术领域内。比如基尔皮切夫的《力学漫谈》和杰伦教授的《技术物理教程》。下面是《力学漫谈》中的观点：

"用来将井中的人吊出井外通常都配有安全钳，以防备受力的绳索会突然断裂。它一端固定在井壁的木桩上，另一端则吊着载人的吊斗，以保证它的安

图1-47 物理实验：掉落的电梯

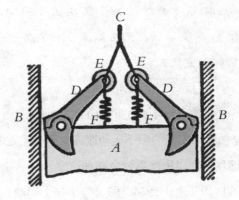

图1-48 升降机的安全钳

全，如图 1-48 所示，用 $A$ 表示吊斗，$B$ 是木桩，$C$ 是绳索并借助拉杆 $D$ 与吊斗相连，支撑点则在吊斗的顶部。上升时拉杆会在绳索受力的作用下处于倾斜状态，并在不受木桩 $B$ 的影响下继续向上运动。当绳索突然断裂时，$D$ 会因弹簧牵引而处于水平状态，并猛地撞击 $B$，齿轮就卡在 $B$ 上，吊斗中的人就安全了。我们再试着在拉杆的末端分别安装两个平衡锤 $E$，绳索断裂，吊斗做自由落体运动，此时 $E$ 无法向下运动，反而对拉杆产生了更大的拉力，因此安装平衡锤并没有意义，我们应该安装弹簧 $F$ 来取代它。"

# 1.54 向上加速落体

**题：** 如果木板 $A$ 能在如图 2-49 的支架槽中垂直向下运动，并且 $A$ 上附有以下物体：

（1）两端固定在 $A$ 上的链条 $a$

（2）一端固定的摆锤 $b$

（3）内部装有水的细颈瓶 $c$

如果 $A$ 开始以大于自由落体的加速度 $g_1$ 向下运动，那么以上三种物体会有怎样的变化？

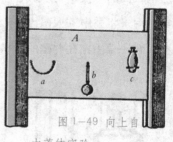

图 1-49 向上自由落体实验

**解** （1）当 $A$ 向下滑动时，由于 $g_1 > g$，$a$ 两端固定点的向下运动速度大于未固定的速度，所以中间部分会在加速度（$g_1 - g$）的作用下向上凸起，即类似于向上运动。

（2）在上述情况下，摆锤也会向上摆

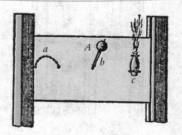

图 1-50 向上加速落体现象

动，如果将它的长度用 $l$ 来表示，则时间 $t$ 就是：

$$t=\sqrt{\frac{1}{g_1-g}}$$

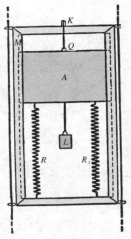

（3）瓶内水的速度会小于小瓶下降的速度，因此水会马上流出来，也就是朝上的方向从瓶口处洒出来。（如图 1-50 所示）

曾经有位教授用自己发明的仪器做过类似的实验并进行了以下描述："如图 1-51 所示，框 $M$ 可以沿着垂直方向的绷直金属丝滑动，木板 $A$ 也可以在 $M$ 的槽口内滑动，这里木板 $A$ 也就相当于向上加速落体的装置。它被弹簧 $R$ 和 $R_1$ 向下固定在框上，将绳上的物体 $L$ 固定在挂钩 $Q$ 上，并穿过滑轮 $K$，拉动两根弹簧，就使 $M$ 中的 $A$ 向上运动。当 $A$ 与 $M$ 处于静止状态时，$A$ 位于 $M$ 的上部。当 $M$ 做自由落体运动时，弹簧会被压缩，即吸引着 $A$ 向下运动，它给了 $A$ 一个额外的加速度。"

图 1-51 波斯别洛夫教授研究向上加速落体运动的装置

这个装置中比 $g$ 大的加速度的超出部分不会大于 $0.9g/s^2$，即 $0.1g$。因此倒置的摆锤的速度应该很慢。

# 1.55 水中的茶叶

题：当你搅拌水中的茶时，会发现茶叶浮上来并向中心涌动，这是什么原因？

解：由于杯底的摩擦力阻碍了下面水的流动，所以茶叶会向杯底的中心涌动。因此相对下面来讲，上层水面的离心力作用更明显些。因此，上面就会有更多的水从中心流向杯壁，杯底中心就积攒了更多的水。所以搅动过程中会产

图1-52 茶杯中漩涡的方向

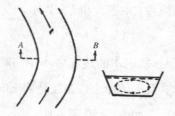

图1-53 水漩涡在弯曲河道处的方向。
选自爱因斯坦的论文

生漩涡状，上面的运动方向是从中心扩散，而下面则是从边缘向中心聚拢。这也就是杯壁附近的茶叶涌向中心的原因了（如图1-52所示）。

在宏观世界中也有类似的现象发生，比如弯曲的河道。爱因斯坦曾提出由于这种现象的存在，河流的弯曲度会不断加强（形成所谓的回纹）。如图1-53所示，此图阐释了两种现象之间的联系，它借鉴了爱因斯坦关于《河道回纹的原因》这篇文章。

## 1.56 秋千

**题：** 如图1-54所示，一个人可以通过肢体的运动使秋千的摆动加大，你相信吗？

**解** 站在秋千上的人，可以通过自己的肢体运动加大秋千摆动的幅度，达到所期望的高度。但必须满足以下两个条件：

（1）当处在最高点时，应保持蹲着的姿势，直到秋千荡到最低点时再站起来。

（2）在最低点时，保持躯体伸直的状态，直到达到最高点时再蹲下来。也就是说，在秋千摆动的过程中，像这样做着肢体运动。

上述方法是符合力学原理的。我们可以把秋千看作一个人体摆锤，躯体下

图 1-54 秋千的力学原理

蹲是将重心放低,站起来使其重心恢复,因此来调节控制摆锤的长度,在每个动回合中交替两次变化。

那么,长度变化的摆锤是如何摆动的呢?

如图 1-55 所示,假设 AB 是摆锤,当它处于垂直状态时为 AB',AC' 是它的最短距离。摆锤上的物体降落时的距离为 DB',那么它的动能就该在最远的路程内将物体送到相同的高度上去。因此重物从 B' 点升到 C' 点的总能量没有减小。由于上升时的功并不是能量积聚的作用,所以由点 C' 运动到 AC 位置的物体,上升时的对于长度应该为 CH,并且与 BD 相等。可以看出,摆锤

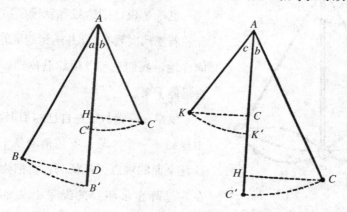

图 1-55 ~ 56 秋千中的力学问题

偏离所产生的新角 $b$ 比最初的角 $a$ 要大。

$$DB' = AB' - AD = AB - AB\cos a = AB(1 - \cos a)$$

$$HC' = AC' - AH = AC - AC\cos b = AC(1 - \cos b)$$

由于 $DB' = HC'$，所以

$$AB(1 - \cos a) = AC(1 - \cos b)$$

即：$\dfrac{1 - \cos a}{1 - \cos b} = \dfrac{AC}{AB}$

通过变换 $(1 - \cos a)$ 和 $(1 - \cos b)$ 可得：

$$\frac{AC}{AB} = \frac{1 - \cos a}{1 - \cos b} = \frac{2\sin^2\frac{a}{2}}{2\sin^2\frac{b}{2}} = \left\{ \frac{\sin^2\frac{a}{2}}{\sin^2\frac{b}{2}} \right\}^2$$

因为 $AC < AB$，所以 $\sin\dfrac{a}{2} < \sin\dfrac{b}{2}$

因为两个都是锐角，所以 $a < b$。

摆锤线或者秋千绳从垂直方向偏离出去的距离较最初偏离的距离远。这就是人伸直躯体对秋千施加作用力的结果。下面我们来看看从最高点到最低点的运动轨迹，值得注意的是摆锤的长度增加了：物体从 $C$ 点降落到 $C'$ 点，当摆锤从 $AC$ 运动到 $AC'$ 时，如图 1-56 所示，它下降的高度为 $HC'$，此时获得的动能在摆锤最远的运动中应该将物体送到等高的位置。由于在 $AG$ 上，物体从 $C'$ 点升到 $K$ 点，那么在最远的运动中所成的角 $c$ 就应该大于角 $b$，所以有 $c > b > a$

也就是说，摆锤线和秋千所成的角度会随着摆动次数增加，并达到期望的高度。同样地，我们也可以依靠肢体动作使秋千慢慢停下来。

埃亨瓦利德教授在自己的《理论物理》中提到了一个实验，不需借助秋千就可以验证上面的观点。他认为："把物体 $m$ 拴在穿过静止吊环 $O$ 的绳子上（如图 1-57

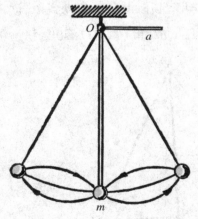

图 1-57 埃亨瓦利德教授《理论物理》中的秋千模型

所示）。我们可以使绳子的另一端 *a* 左右运动，从而周期性地变化摆锤长度 *Om*，如果 *a* 端的运动频率是两倍摆锤运动的频率，并有合适的运动相位，那么就可以很快地使摆锤摆动了。"

## 1.57 与引力相悖

**题：** 无论是质量还是物体间的距离，天体比地球上的物体都要大很多。由于引力的大小与质量的乘积成正比，与距离的平方成反比，我们可以感受到引力在宇宙间的作用力，却无法发现地球物体间的引力，请对这一现象给予解释。

**解** 由于天体间的距离过大，削弱了它们之间的吸引力。相同的，如果有那么大的距离，那它的质量也就可想而知了。

物体的质量是和体积成正比的，即和物体长度的立方成正比，既然引力和被吸引的物体的质量乘积成正比，那也就是说它和该物体长度的六次方成正比。若物体的长度和它们之间的相互压力增加 $n$ 倍，引力增加的倍数就是 $n^6/n^2=n^4$，这也就是相距很远且质量更大的天体之间的引力反而比相距较近质量较小的天体间引力大的原因了。比如说，如果太阳系减小一百万倍（$10^{-6}$），那么其中的物体间的引力就是原来的一亿亿亿分之一（$10^{-24}$）。我们习惯性地将天体质量的大小忽略掉。但即使是像火星或者其他小行星那些在天文学中被称作"微小"的天体，在日常范围内它的质量也是足够大的。

在我们所熟知的小行星中，即使最微小的体积也有 10 立方千米。那么体积为 1 立方千米的物质（将其密度等同于水），它的质量又是多少呢？1 立方千米等于 $10^{15}$ 立方厘米，这么多水的质量是 $10^{15}$ 克，也就是 10 亿吨！这些天体包括了数亿和数十亿个立方千米的物质，它们的密度通常都比水大。

即使是很大的距离，也不会使其引力变小很多，因为是质量的乘积决定了它们间的引力。地球与月亮间的相互引力为 20 000 000 000 000 000 吨，但两个距离为 1 米的人的引力为 0.03 毫克，距离为 1 千米的两艘轮船为 4 克，当然，无论是 0.03 毫克还是 4 克都无法克服脚底及水对轮船的摩擦力。

这就是引力将太阳与行星相互拉近，却对地球表面的物体不会有明显作用力的原因。

这里列举一个不太常见的现象，离太阳最近的恒星系统是半人马座阿尔法三星系统，它与地球的距离是和太阳距离的 275 000 倍。通过计算，该星系和地球之间的吸引力达 100 000 000 吨。而对于如此大的吸引力，地球似乎察觉不到。原因首先是由于地球足够大的质量，所以每年只会向半人马座阿尔法三星系统靠近 100 米。此外，该系统并不只对地球有吸引力，因此，地球在太阳系中的相对位置并没有改变。最后，在太阳系中，半人马座阿尔法三星系统也并不是唯一产生吸引力的星系。

关于引力，学术上普遍存有一些偏见。许多人认为，物体间的牵引力应该是指向连接两者质量中心成直线的力。如果两个物体都是匀质物体，那么上述观点就是成立的。但只要物体的形态发生了变化，那么上述定律就不再适用了，并且对于非球状的物体，引力与质量成正比和与距离的平方成反比这样的关系

图 1-58 相距 1km 两艘约重 20 000t 的战舰，以 4g 的力彼此拉近

就都不再适用了。下面我们以齐奥科夫斯基《天地幻想》书中一段为例：

"假设在两个平行的面之间，存在一块无限大的木板，并且它的吸引力也是无限大的（当然这种木板是不存在的）。木板的厚度与密度对吸引力没有影响，无论处在什么位置，引力总与木板保持垂直状态。

如果假设地球是个圆盘，那么引力会和薄厚成正比。

有时，即使有很大的质量也不会产生任何吸引力。就像是一个内壁被压缩过的空心球或者空心管，无论处在其中什么位置的物体都不会有引力的产生。空心管的外部引力与物体和轴管间的距离成反比。"我们应该牢记的是，牛顿定律公式只在物质的"点"和匀质的物体下适用。

# 1.58 铅垂线的方向问题

题：如果将地球自转忽略不计的话，通常都会将靠近地表的所有铅垂线看作是指向地心的。但我们应该意识到，地球上的物体不仅受地球的吸引同时还有月球的。因此上述的铅垂线所指向的就不应该是地心而是地月系的质量中心。这个质量中心并不是地球的几何中心。并且我们可以通过计算得知，该质量中心的位置与几何中心相距 4800 千米。（月球质量是地球质量的八十分之一，所以质量中心到地心的距离小于到月球中心的距离，而且前者也是后者的八十分之一。两个天体的间距是 60 个地球半径，所以质量中心与地心的间距是四分之三个地球半径。）

那么地球上的铅垂线方向应如图 59 所示，远远地偏离地心。

但我们又为什么察觉不到呢？

解 该命题中的观点看似非常有道理，但其实是错误的。我们试着将地月

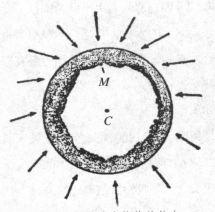

图 1-59 地球上物体的偏向？

（C 点表示地球中心，M 点表示地月系质量中心）

系的情况应用到地球和太阳上，做一下推断：地球上的物体不仅受到地球的吸引也受到太阳的吸引，并可能会偏向地球和太阳的质量中心。太阳的质量是地球的 33 万倍，两者的间距是 200 个太阳半径。因此，结论就是地球上的所有铅垂线是指向太阳的。

这样我们就很明显地发现了，推断的不合理性。太阳不仅吸引地球上的物体，同样也吸引着地球本身。因此它对地球上物体的引力产生的加速度和对地球本身的引力产生的加速度是相同的，那么在太阳引力的作用下，所产生的位移也应该是相同的，两者处于相对静止的状态。由此得出：太阳引力对地球上的物体的引力没有影响，那么物体就应该指向地球。

上述分析也同样适用地月系，也就是说，月球上的物体不会掉到地球上，地球上的物体的重力应指向地心，就好像没有月球的引力一样。地球上的物体会在月球引力的作用下向月球靠近，但这种引力对地球本身也是一样的。物体指向地球，不被月球引力所影响是因为：地球上的物体与地球本身之间相互吸引，就好像月球不存在一样①。

---

①由于地球中心和在地球表面的物体与月球（和太阳）之间的距离是不相等的，所以引力的大小也就不同。在高科技的精密观测仪器下，这种差异是以物体重量周期变化的形式出现的，这与月球和太阳的位置有关。尽管月球和太阳队物体重量产生影响，但却极其微小，并不能与命题中所提到的影响相提并论。

# 第2章

30°

## 液 体

## 2.59 水和气体

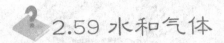

**题**：若拿地球上的全部气体和全部水作比较，哪个更重？能重多少？

**解** 我们通过简单的计算来确定一下大气质量和地球上全部水量的关系。大气重量等于均匀覆盖在整个地球表面的深约 10 米的水层重量。

而平均深度约 4 千米的海洋占地球表面的 $\frac{3}{4}$。如果这些水都均匀覆盖在地球表面的话，那海洋的深度就是 3km，因此关系比例就是：

$$3km \div 0.01km = 300$$

也就是说，地球上全部水的重量就约为空气质量的 300 倍（精确一点是 270 倍）。

 ## 2.60 最轻的液体

**题**：什么是最轻的液体？

**解** 液化氢是密度最小的液体，密度是水的 $\frac{1}{14}$，即 0.07，而水的密度又约为水银的 $\frac{1}{14}$。

其次是液化氦，它的密度是 0.15。

# 2.61 阿基米德的命题

**题：** 关于阿基米德金皇冠命题，古罗马建筑学家威特鲁维（公元1世纪）有过这样的描述：

喜厄隆二世[①]夺得皇权后，为了感谢神的保佑，于是他就为一座神殿捐赠了一顶金皇冠，新国王给了工匠材料并将任务吩咐下去。工匠在预定期限内完工并将皇冠呈献给了国王。皇冠的重量和原材料是相等的，对此国王很满意。但后来有传言说工匠用银取代了部分黄金。对此皇上很是恼火，并让阿基米德想办法检测它的真伪。正思考着这个问题的阿基米德有一次在浴缸内洗澡时，发现浴缸外溢出水的体积等于身体浸入水中的体积。当他弄清楚原因后，高兴地赤裸着身体跑回了家，而且边跑边喊"埃弗里克，埃弗里克"（希腊语"我找到了"的意思）。

阿基米德找来了重量相等的金银各一块。首先将银块放入一个装满水的容器内，溢出水的体积和银块体积相等。测量溢出水的重量，然后取出银块，再将容器灌满，并将金块放进去，这次溢出水的体积比上次小，而且体积是银块与金块的体积之差。最后将金皇冠放入盛满水的容器内，这次溢出水的体积比纯金溢出水的部分多。阿基米德就用这部分多出来的水揭穿了工匠的偷换材料的把戏，并计算出了掺银的质量。试问，通过上述方法能否计算出银杂质的重量？

**解** 阿基米德确实可以通过上述方法揭穿谎言，但他却没能计算出银杂质的重量。如果皇冠的体积等于所用金银体积之和，那么这个问题是可以回答的。

但是，只有少数熔合物能够具有上述特征。其实熔合物的体积应该小于它们的体积之和。也就是说这个皇冠的密度要大于金、银的密度的平均值。如果

---

[①]锡拉库兹僭主，传说阿基米德是他的亲戚。

用这种方法计算银杂质的重量，他得到的结果会偏小，因为他认为皇冠的密度越大，其中所含黄金的比例就越高，而他没有考虑两种金属熔合后的总体积会变小。

那么对于这个问题该怎么解决呢？梅恩舒特金教授在自己的著作《普通化学教程》中写道："我们可以假设通过下面的方法来解决这个问题。首先确定纯金与纯银的密度，以及一些过渡性的合金的密度，并用这些数据做出一个曲线形图解。图中所展示的是金银融合物密度的变化与金银密度的关系，现在将所得到的密度大小放在图中，就会发现它是熔合物中哪种混合比例的金属的密度了，这样也就判断出了皇冠中的物质成分了。"

如果所掺杂质是铜的话，那么熔合物的体积就等于金和铜的体积之和。那么，阿基米德的方法也同样得到了正确的答案。

# 2.62 水可以被压缩吗？

**问题：** 在中学教科书中我们所学到的都是液体不能被压缩，所以我们就认为无论在什么情况下，液体被挤压的强度都比固体小。但事实是，相对于固体和气体来说，液体不能被压缩只是它的弱压缩性的一个形象上的表述。如果真的将固体与液体的压缩性比较起来，我们会发现液体的被压缩性是固体的几倍。

**解** 铅是最容易被压缩的金属，在相同的大气压下，它被压缩后的体积减小到了原来的 0.000 006 倍，而水则压缩到了原来的 0.000 05 倍，也就是铅的 8 倍。而和钢相比的话，则是 70 倍。

硝酸具有超强的压缩性，在相同的大气压下，硝酸的体积缩小到原来的三十四万分之一，也就是钢的 500 倍。当然，和气体比起来的话，液体的压缩性也就微不足道了（液体是气体的几十分之一）。

然而巴赛特实验可以证明，像氮等一些气体在2 500个大气压作用下会变得无法被压缩，因为在如此大的压力下，该气体的分子之间致密程度已经达到最大化。

# 2.63 向水射击

**题：** 向一个长20厘米、宽10厘米，用蜡粘合的木板箱倒入10厘米深的水，如图2-1所示。朝箱子射击，箱子裂成了碎木块，而水却化成了尘雾状。对此现象如何解释？

**解** 这一现象体现了液体的弱压缩性和绝对弹性。由于子弹速度过快，导致水面还没有上升，就在一瞬间受到子弹体积大小的压力作用，因此箱子碎裂，水也就飞溅出来了。

下面我们来计算一下压力的大小。箱子中水的体积是 $20 \times 10 \times 10 = 2\,000$ 立方厘米。子弹的体积是1立方厘米。水应该压缩原来体积的 $\frac{1}{2\,000}$。通常，在一个大气压下，水的体积会压缩原来的 $\frac{1}{20\,000}$。现在，箱中的水体积压缩了原来的 $\frac{1}{20\,000}$ 在水温不变的情况下，所受的压强就是10个大气压。因此，箱内水的体积减小 $\frac{1}{10}$ 的同时，它的压力也增加到了10个大气压，即10倍，箱内受到了 $10\,000N \sim 20\,000N(2\,000 \times 10)$ 的力的作用。

也就是说，在水下爆炸的炮弹也有着巨大的杀伤性。"即使炸弹在与潜水艇相距50米远的地方爆炸，潜水艇也还是无法避免受损，威力甚至波及到海面。"——米利凯恩

图2-1 朝装有水的箱子射击

## 2.64 水中电灯

**题：** 在如图 2-2 所示的情况下，水中的电灯泡能否承受半吨重物的压力？（活塞直径是 16 厘米）

**解** 活塞截面积为 $S = \pi/4 \cdot 162 \approx 200cm^2$。

由于 500 千克物体的重量约为 5000N，那么 1 平方厘米上所受到的压力就是 $5000 \div 200 \approx 25N$。

一个普通灯泡所能承受的最大压强约为 $27N/cm^2$，因此，题中的灯泡可以承受。这个结论也同样适用于水下。普通的灯泡能够承受 2.7 个大气压（27 米深的水下，如果水更深就需要特制灯泡了）。

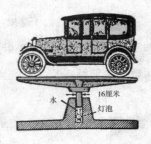

图 2-2 灯泡能否在这个压力下保持完好

## 2.65 漂浮在水银中

**题：** 将重量和直径都相同的铝质圆柱和铅质圆柱垂直漂浮在水银中，哪个会浸的更深？

**解** 这道题的关键点就是垂直漂浮，似乎垂直与漂浮不可能同时存在，但这种观点是错误的。相对于高度来说，只要圆柱有足够大的直径，那它漂浮时就可以保持垂直状态。

其实这个问题并不难，只是容易使人陷入自相矛盾中。同等重量和直径的铝柱与铅柱，前者长度是后者的 4.2 倍。因此，我们会认为水银中的铝柱可能比铅柱浸的更深些，又或许漂浮在液体中的重铅也可能比轻铝浸的深。

如换个角度来说，这两种观点都是错的。其实在水银中的两根圆柱深度是一样的。原因可以参照阿基米德原理，由于它们是等重的，所以排出的水银体积也是一样的；而且在直径相等的情况下，在水银中浸泡部分的长度也是一样的，否则也不能排出相同体积的水银。

这个问题很有趣，在重量和直径相同的情况下，铅柱浸入水银部分的长度是其长度的 83%（$\frac{铅的密度}{水银的密度} = \frac{11.3}{13.6} \approx 0.831$）；铝柱浸入水银部分的长度是其长度的 20%（$\frac{铝的密度}{水银的密度} = \frac{2.7}{13.6} \approx 0.20$）。铅柱留在水银面上的长度是其长的 17%，而铝柱 80%。又因为铝柱的总长是铅柱的 4.2 倍（$\frac{铅的密度}{水银的密度} = \frac{11.3}{2.3} \approx 4.2$）所以水银面上，铝柱的长度是铅柱的 $\frac{80\% \times 4.2}{17\%} \approx 20$ 倍。

那么，铝柱留在水银表面的高度就是铅柱的 20 倍。这也同样可以在现代地球构造学中有所体现，即地壳均衡理论。这个理论最初是，地壳岩层部分轻于地幔岩层，所以它才漂在上面。此理论将地壳看成是一些截面和重量相等但高度不等的棱镜的和。位置高的是密度小的棱镜，位置低的则是密度大的。并由此推出了下面结论：地下物质缺损导致了地表凸起，而地表凹陷则反映了地下物质过剩。

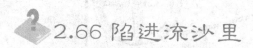

## 2.66 陷进流沙里

问题：阿基米德原理对颗粒体也同样适用吗？木球在干沙上能陷进多少？人会连头一起陷入流沙中吗？

**解** 对于颗粒物体，不能完全应用阿基米德原理，因为液体间摩擦力可以忽略不计，但颗粒间却存在着摩擦力的作用，如果颗粒能够摆脱摩擦力而自由运动的话，阿基米德原理就完全适用了。比如在重力作用下受到一定频率振动的干沙就对沙粒移动有帮助，这样的干沙就满足了上述条件。

牛顿时代的著名物理学家古柯也在著作中提到了类似的实验：

"我们将像软木块这样较轻的物体沉入沙（快速震动的沙）中，会发现它立刻浮了上来。相反的，沙表面比较重的物体会立刻陷进沙中。"如图 2-3 和 2-4 所示，这个实验是英国优秀的物理学家伯列格在借助一种特殊离心机的作用下完成的。

斯蒂芬是在推理的基础上对阿基米德原理进行总结，我们将推理实践一下，即把一个球放在不流动的沙面上，我们首先会发现，想象中沙体的密度，或者说带有气孔的一立方厘米的沙的质量是 1.7g，也就是木头的 2 倍。我们把想象中的球体与沙子分离，该球体在几何上与木球相等。该物体通过两种力的平衡作用保持稳定：（1）沙粒间的摩擦力；（2）上层沙面的重量（上面的沙子将力分散到四周，同时支持该物体下降）。这些力的合力不小于沙面物体的重量。如果用木球替代想象中的沙球，那么木球所受到的自下向上的压力就比它自身的重量要大。因此，它不会在重力作用下陷得太深。如果球的重量和它陷入沙

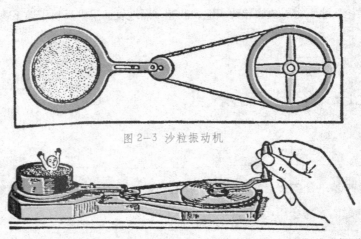

图 2-3 沙粒振动机

图 2-4 带有重物的小人埋陷在沙中，在该机器的作用下，小人将头探到外面

中那部分体积的沙的重量相等，那也就是它陷得最深的程度。我们只是借助物体陷入沙中自身的重量来判断深度极限，但并不代表它一定会陷这么深，也不能说明，在沙子里的球的深度比这个还要大，由于漂浮的过程中会被摩擦力所影响，所以球本身会"浮"上来。

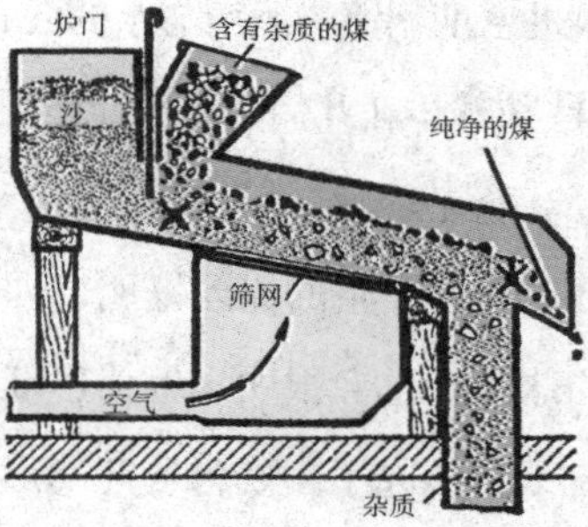

图 2-5 工程学应用

当将阿基米德原理应用到颗粒体时，应注意一些附加条件，但当颗粒震动时，这些条件也就可以忽略了，因为震动的颗粒可以被看作是液体进行研究。对于不流动的颗粒，阿基米德原理唯一能确定的就是，沙面上密度较大的物体，在自身重力作用下排开颗粒的重量应小于物体的重量，其陷入沙中的深度等于物体陷入部分沙子的深度。

但是由于人体的平均密度比干沙密度小，所以人不会连头一起陷入流沙中。因此，只要他不作挣扎，所陷的深度就会稍浅，相反则更深。

如图 2-5 所示，阿基米德原理也适用于工程学中，即把杂质中的石炭提取出来。将待提纯的生煤放在比生煤密度大且比混合物密度小的沙子中，通过由下而上地向过滤器内输入空气，来保证沙粒的流动性。被输入的空气压力，也就是气流的速度决定着沙的密度。煤会留在表面，而石块则沉入沙中，并通过管道聚集到容器内，这样就将混合的杂质分离出来了。

## 2.67 球形液体

题：如何证明液体在不受外力作用的情况下也能形成一个完整的球形？

解 在普拉托的实验中就清晰了证明了液体在失重时会形成球形：将橄榄油

放进密度相等的酒精与水的混合物中，它们就会形成一个圆球。但通过精确的测量，该球体在几何上不可能是规律的，因此他的实验只是做了一次尝试性的论证①。

毫无疑问，只有像彩虹产生这样的现象才能作为严密的论证。

彩虹产生的原理证明，即使雨水在几何形状上只在很少的程度上偏离规则的球形，也会很明显地使彩虹的样子发生改变，而如果偏离很大的话，彩虹也就不会形成了。因为彩虹的形成是因为存在着将要掉落而且同时做着自由落体运动的小水珠，根据53题的答案可以推断，这些小水珠是失重的，并只在自身内部分子力的作用下。

# 2.68 水滴的重量

**问题：** 从茶嘴中滴落的水珠，是在水滚烫时还是冷却时滴落会更重呢？

**解** 当一颗水珠重到可以使正在形成的水珠颈部表面薄膜破裂的时候，这颗水珠就会落下来。（墨水滴的产生也同样如此。）如图2-6所示，如果收缩的颈部半径为 r 毫米，表面拉力大小为 f，那么，水珠就会在这样的情况下滴落下来。

$$2\pi rf = 0.0098x$$

这里的 x 是水珠重量的克数，$0.0098x$ 是 x 克水珠的重量。因此得知 x 克水珠的重量就是：

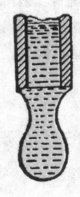

图2-6 表面薄膜的拉力使水珠掉不下来

①详见《趣味物理学》第五章。

$$x = \frac{2\pi r}{0.0098} f$$

水珠重量与表面拉力成正比，但是表面张力的大小对于水来说会随着温度升高而每度半径减少0.23%。温度为100℃下的水的表面拉力相对于温度为0℃来说减弱了23%，而温度为20℃时，水的表面拉力相对于温度为0℃来说又减弱了4.6%。也就是说，当沸水从100℃冷却到室温20℃时，水珠的质量就增加了 $\frac{95.4-77}{77} \approx 0.24$（相当于最初重量的倍数）

或者说增加了24%（这个大小就很明显了）。

# 2.69 毛细管中的液体高度

**题：** （1）在直径为1微米的玻璃细管中的水，会升多高？

（2）同样这支玻璃管，哪种液体会升得最高？

（3）在毛细管中，热水和冷水哪种会升得更高些？

 **解** （1）知道伯努利定理吗？在现在生活中，很多人习惯将它称为"尤林定理"，依据它可以说明管中液体上升的高度与管的直径成反比。在直径为1毫米的玻璃管，水的上升是15毫米，以此类推，在直径为0.001毫米的玻璃管中，水上升的高度就应该是原来的1000倍，那么就是15米！

（2）钾在63℃时就会熔化，而它是毛细管中上升最高的液体了，在直径为1毫米的玻璃管中，它的上升高度将是10厘米，管道直径为1μ时，它的上升就应该等于10cm×1000=100m。

（3）液体表面的张力越大，密度越小，它也就会在这根玻璃管中升得越高。我们用一个关系式，便可以清楚的表示出来：$h = \frac{2f}{rd}$。这里的上升的高度用$h$来表示，表面的张力大小用$f$表示，玻璃管的半径用字母$r$表示，那么$d$所代

73

表的就是液体的密度。

随着温度的上升，表面的张力便会迅速减小，这比液体密度 $d$ 的减少要明显得多，最后，高度 $h$ 也会跟随着降低，那么毛细管中热的液体当然就会比冷的上升高度低一些了。

# 2.70 处于倾斜的管中

**题：** 我们已经知道在垂直的毛细管中，液体在容器中会上升 10 毫米，那么在倾斜的该管中（图 2-7），又会发生什么样的变化呢？我们使它在液体表面呈 30 度倾斜的角，这时液体会上升多高呢？

**解** 毛细管中，液体的上升取决于，管是垂直浸入其中，还是与地平面保持某一个角度。不管在什么样的情况下，上升的高度，即凹凸面到液体表面的垂直距离都是相等的。所以，对 30 度角倾斜的管中的液体来说，它的液柱是在垂直状态下的 2 倍，但是凹凸面高出容器液面的部分是一样高的了。

30°

图 2-7 哪支水管中的液面会升得更高一些

## 2.71 两滴移动的液体

**问题：** 有两根一头宽一头窄的细玻璃管，如图 2-8 所示。我们在第一根管的 A 点处，慢慢注入一滴水银，然后在第二根管的 B 处注入一滴水，这时我们来仔细观察，两滴液体处于不平衡状态下，沿着玻璃管运动。我们需要思考的是：两滴液体会朝哪个方向运动呢？它是钟爱玻璃管宽的那头，还是窄的那头呢？

**解** 由于水银是不会浸润玻璃管的，所以它在玻璃管中有两个自由移动的外凸方向，靠近窄的那端的表面比靠近另一端的表面的曲率半径要小；也就是说它施加给水银的压力就要大一些，水银柱便会被挤到宽头的一端了。

图 2-8 两根锥形细管的问题图

水的反应和水银完全不同了，它会浸润玻璃，水柱两端都会有一个内凹面，何况管中窄的那端的凹面的曲率半径要比宽的那端小。我们都知道曲率大的凹面更容易吸引液体的流动，所以水自然而然会向窄的那段移动了。

所以水和水银两段液柱会在管中朝相反方向运动，水银柱会毫不犹豫选择宽的那端，水柱却奔向窄的一端。

在现实生活中，我们很轻易地便能看到，水能从毛细管中的宽端移向窄端的这种特性。它对保持土壤的湿度有着很重要的意义。著名的农学家杜丁斯基曾经就在著作中这样写道："上层土壤厚实，那么它其中的孔隙就会很小，而下层土若是疏松的，那么其中的孔隙也就相对较大，所以上层土壤很容易吸收来自下层土壤的水分。但是如果情况正好相反的话，下层土壤厚实，上层相对疏松的话，那么上面的疏松层干枯后就不会吸收下层土壤的水分了，因为水是

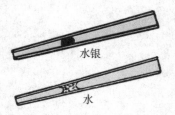

图 2-9 水银柱会流向管宽的那头，而水柱会流向管窄的那头。利用水的这个特征可以采取相应的抗旱措施

不会从窄的孔隙流向宽的孔隙，因此上层的土壤便会变得干燥。"

因此，我们总结出抵御旱灾的一种措施，便是翻松土壤表层："为了保持土壤的湿度，我们应该尽可能频繁地翻松顶层土壤，翻松厚度是 2 厘米左右，这样一来，原来的小孔隙就会被破坏掉，被大孔隙取而代之，那么就不能从下面吸收水分了。虽然此时疏松过的上层土壤能吸收水分，所以是它还很弱小，不能从孔隙更小的下层土壤中吸取到水分，因此不能将水导向表层，所以它还是能够预防风和阳光带走其他土层水分的。"

这是一个极具借鉴意义的实例，其实只要我们能够很清楚地理解一个普通的物理现象，便能够为指导实践带来很大的帮助。

## 2.72 沉底的木板

 **题：** 将一块密度较大的木片放在盛有水的玻璃容器底部，毫无疑问的，它会浮起来。如果我们将盛有水银的同样的玻璃容器底部放一块玻璃片，那么它最终的命运将是什么呢？我想很多人都会告诉我，它是不会浮起来的。水银中玻璃的浮力要比水中的木板的浮力大很多。究竟为什么木板在水中会浮起来，而玻璃块在水银中就不会浮起来呢？我想每个人都想知道其中的奥秘。

**解** 在盛有水的玻璃容器底部放一块木板，它会浮上来，这里的原因每个人都明白，水从木板底渗透过去了。因为，无论木板如何紧贴容器底部，它们之间都不可避免地会留下细小的缝隙，致使浸湿的木板和玻璃会形成一个凹面，它所指的方向是没有液体夹层的（如图 2-10 所示）；它就好像一个凹凸镜，将水轻轻吸引到木片和底部的空隙中来。面对水银和玻璃板，它们两个就像个调皮的孩子，表现出来的结果是完全不一样的。玻璃不会被水银浸湿，这样玻璃板和玻璃底部的水银就会形成一个背向空白夹层的凹面，凹面会向外挤压，不会让水银流到玻璃板的下面（图 2-11 所示）。

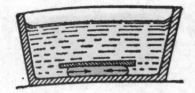 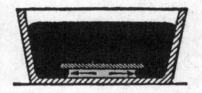

图 2-10 水流到薄板下面　　图 2-11 水银不会流到薄板下面

## 2.73 表层张力消失

题： 液体表面的张力等于零的时候，温度是多少呢？

解 在临界的温度时，液体表面的张力就会完全消失。此时，液体丧失了聚合成水球的能力，在任何一种压力下都会轻易变成气体。

## 2.74 表面压力

题： 液体受到自身表面的挤压需要大约多大的力呢？

**解** 液体表面的膜是由分子层构成的，它相当的薄，大约只有 $5 \times 10^{-8}$cm，尽管如此，它还是会给其所覆盖的物体以极大的压力。对于某些液体来说，这个压力几乎可以达到几万个大气压，也就相当于每平方厘米上承受了接近几十吨的重量，因为这个压力的存在，我们也就能够理解为什么液体的压缩性不强了。

# 2.75 自来水龙头

**题：** 生活中，自来水的龙头都是安装成螺旋状的。如图 2-12 所示，你知道这是为什么吗？难道像茶炊那样让水自由回流不好吗？

**解** 其实将水龙头安装成茶炊式样相对要比螺旋状方便很多，可是人们最终还是选择了后者，因为回转式龙头不适用家庭水管道网，如果迅速将水龙头关闭，突然停止水管中的水流运动，就会导致管道系统出现很危险的震动现象，形成水压冲击。水压学教科书的作者杰伊什教授，就曾用水压冲击和火车车厢起步或停车时候的冲击作比较：

"火车制动的时候，第一节车厢的缓冲器会受到后面车厢惯性的影响，直至所有车厢都停止运动。此后前节车厢缓冲器的弹簧会被拉直，直到所有车厢都相继刹稳。要知道，压缩的缓冲器所产生的冲击波是从第一节车厢传到最后一节的，如若车尾部有一辆重型蒸汽机车，那么缓冲器的压力就会从蒸汽机车转向一个支杆限动器装置。如此一来，震动就会逐渐减小，由于阻力的影响，

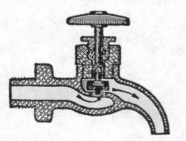

图 2-12 为什么水龙头要安装成螺旋状

火车便会慢慢停下来，从第一节传向另一头，如此循环往复。要知道，压缩后所产生的第一次冲击波对第一节车厢的冲击都是相当巨大的，而且对于所有车厢的缓冲器弹簧来说也是具有一定危险性的。

至于水龙头，尽管水的压缩性较小，我们仍然需要通过关闭位于长水管尾部的水龙头，进而阻止前面水颗粒运动，但是后面的水颗粒还是会向前挤压，这对整个水龙头都会造成高压，这种高压有些类似于普通的波，它会沿着管道以较大的速度往返运动，速度只略小于声音在水中传播的速度。这股波到达水管始端后才会导向水龙头那端，如此一来，就会产生系列高压震动波，这些波遇到阻力就会缓缓停止运动。可是尽管如此，最初所产生的波还是会对水龙头尾端造成危险，会导致一些比较脆弱的零件发生炸裂，还会损坏水管的初始端入口附近的接口。回波时所产生的巨大压力可能是水管中普通流体静力学压力的 60 到 100 倍。"

现在我们就知道了，管道越长，冲击力就会越强大，破坏性也相对就高。水压产生的冲击力会毫不留情地破坏掉整个管道网，引爆生铁管道，震损铅制管道，打掉回转处的接头，等等。为了避免这些危险的发生，我们应该逐渐停止水流在管道中的运动，选择慢慢地关闭水龙头，拧住管道口，如果管道越长，我们就更要放慢关管道的时间。

可见，管道的长度和水压冲击力的大小是成正比的，与关水龙头的时间成反比，水龙头关得越快，产生的冲击力就越强。在实验中，我们可以得出计算冲击力大小的公式，即：

$$h = 0.15 \frac{vl}{t} \ m$$

冲击所产生的压力等于水柱的高度。这里，水管中水流的速度（米／秒）我们用 $v$ 表示，水管长度（米）我们用 $l$ 表示，至于关闭水龙头所用的时间（秒），我们则用 $t$ 来表示。如果说，水管中的水流速度是 1 米／秒，水管的长度是 1000 米，关闭水龙头所用的时间则是 1 秒，在水压冲击的作用下，水管中的压力大小，就会增至到：

$$h=0.15 \frac{1000}{1} =150\text{m}$$

也就是增至了15个大气压。从实验中可以观察到整个水压冲击的现象，装置如图2-13中所显示的那样。虹吸玻璃管从一个盛满水的容器中向下导出，然后成弯曲成水平。我们要在管道尾端安装一个回转式的水龙头 $H$，而离尾端不远处的地方，有一个带着小孔的支管 $S$，我们将水龙头关闭的时候，水便会像喷泉一样从支管中喷射出来，当然，它的高度是不会超过容器中水面的高度的。假如我们把龙头打开，再以最快的速度关闭的话，最初喷泉的高度就会高于容器中水面的高度了，这就证明了，此时管道中的压力是大于流体静力学的压力的。可是这也不能表明，能量守恒定律在此时此刻就不再适用了。水在一定高度上落下，水量越小，它所上升的高度就越大，好像杠杆一样，用重物去压下杠杆的一端，它轻的一端就会上升得越高的道理是一样的。我们可以根据水压冲击力的理论，设计出一个能够自动扬水的特殊仪器装置来，即"冲击扬水机"，如图2-14所示。它是一个简便而又实惠的供水装置，该装置投产运行了很多年，基本上是不需要维修和保养的。有的冲击扬水机能够压送到100多米高，而有的则可以在一昼夜中压送25万升的水，相当的惊人。

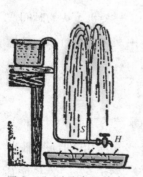

图2-13 测量水压的实验

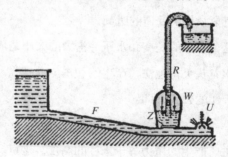

图2-14 自动冲击扬水机装置示意图。为了能使扬水机顺利做功，应该关闭阀门 $U$。此时管道 $F$ 中就会形成一个水压冲击力，增加的水压会冲开阀门 $Z$，而压缩在 $W$ 中的空气就会将水挤压上来。随着压力的消失，阀门 $Z$ 就关闭，阀门 $U$ 则会打开，$F$ 中的水流会重新关闭阀门 $U$，再次形成水压冲击力。循环往复

## 2.76 流速

**题：** 如果我们将水和水银同时放在相同的一个漏斗里，哪一种的液体会流得更快一些呢？

**解** 我们都知道，水要比水银轻很多，所以会认为水银相对会流得更快一些。不过，在托里拆利所得知实际的情况并非如此，原来流速和液体密度是没有任何关系的。我们可以根据托里拆利公式计算出流速来：

$$v = \sqrt{2gh}$$

这里的 $v$ 代表的是流动液体的速度，重力加速度则用 $g$ 来表示，至于 代表的当然就是容器中液体的高度了，所以我们不难看出，这个公式中并没有涉及到液体的密度。如果你认为这个关于液体流动的反常定理是匪夷所思的话，你就大错特错了，其实这并不难理解，我们来推理一下：液体流动时的力就是它位于漏斗上部的重力，重力大的液体和小的液体相比较，当然前者的这个力会更大一些，不过前者的质量也比后者大，而且它们的质量比等于重力比。由此看来，两者的加速度和速度是完全相同的，那么液体的这种性质也就不足为奇了。

# 2.77 ～ 78 与浴缸有关的问题

**题：**（1）往一个内壁垂直的浴缸里注水的话，8 分钟可以将整个浴缸注满。这时关闭水龙头，再将排水孔打开，浴缸里的水全部排出所需要的时间是 12 分钟，如果我们将排水孔打开的同时，也往浴缸中注水，那么我们需要多长的时间才能使整个浴缸注满水呢？

（2）8 分钟能够将浴缸注满水，关闭水龙头，打开排水孔，浴缸里的水同样也会在 8 分钟内排空，那么如果我们打开排水孔，用一昼夜的时间，不间断地向空浴缸内注水，最后结束时，浴缸里会有多少水呢？

（3）如果注满水的时间依旧是 8 分钟，而排水的时间相对变短，只需要 6 分钟的话，上述问题又该如何解答。

（4）如果注满水所需要的时间是半个小时，而排水的时间则只需要 5 分钟的话，请再次解答上述问题。

（5）浴缸排水所用的时间要比注水的时间短，那么同时往空浴缸中注水和排水的话，浴缸中会存有一点水吗？当然，为了降低解答的难度，我们可以展示不考虑流动液体的压力和液体对排水孔边缘所造成的摩擦力。

**解** 依据上面 5 个问题，下面一共列出了两组不同的答案，其中只有一种是正确的。

（1）24 分钟就能够给浴缸注满水。　　（1）浴缸是永远无法注满水的。

（2）浴缸最后是空的。　　（2）浴缸里面的水注到 $\frac{1}{4}$ 高。

（3）浴缸最后依旧是空的。　　（3）浴缸中的水注到 $\frac{9}{64}$ 高。

（4）浴缸最后是空的。　　　　（4）浴缸中的水注入到 $\frac{1}{144}$ 高。

（5）浴缸最后一点水也不会剩下。　　（5）浴缸最后还剩下一点水。

你能算出上面那组的答案是正确的吗？左边的答案看上去正确度似乎高一些，但是真正正确的却是右边那一列答案。下面，我们就来认真分析一下：（1）浴缸注水的时间要比排水的时间短，而给予出来的正确答案是：浴缸永远都不会注满水，这究竟是为什么呢？其实我们并不难计算出注满水所需的时间，每分钟注入的水是浴缸容量的 $\frac{1}{8}$，那么排出的水就是它的 $\frac{1}{12}$，也就相当于每分钟浴缸里所增加的水的体积是整个浴缸容量的：

$$\frac{1}{8} - \frac{1}{12} = \frac{1}{24}$$

似乎很清楚，24分钟后，浴缸就会注满水了。

（2）如果浴缸注水的时间等于它排水所用的时间，那么，我们也就可以这样推算：每分钟进入浴缸中的水的体积就等于排出的水的体积。那么无论注水的时间有多长，浴缸里永远都不会剩留一滴水。而同时我们也会看到，右边的正确答案是：浴缸里面的水注只有 $\frac{1}{4}$ 高。

（3）、（4）、（5）在这种情况下，浴缸中排出的水都要比注入的水多，

然而右边给予我们正确的答案则是：此时浴缸中还剩下一点水。总之，我们所得到的正确答案似乎有些荒谬，为了能够验证这些问题的正确性，我们不得不参与一个长时间的讨论，我们先来分析第一个问题吧。

（1）很多朋友，只要看到这个问题就会想起著名的

图 2-15 令人头疼的给水缸注水的问题

水槽问题，它是经过这个水槽演变过来的，我们都知道水槽问题是格林阿列·克桑德利斯基所提出来的，两千年来，这个问题一直都被列在中学算术的习题集里；从物理学的角度出发，这个问题的解答并不正确。它的解答方案是通过一个错误的假设为前提的，这就是说如果龙头的水流适当，那么水就会非常听话地从水面不断降低的蓄槽中流出来。而这个假定是完全跟物理原理相互矛盾的，水流速度是随着水面的降低而减缓的。因此，我们就不难看出，中学生们在算术课上所学到的知识并不正确，如果说要将整个浴缸的水全部排出，需要 12 分钟的话，那么每分钟排出的水量就等于浴缸容量的 $\frac{1}{12}$。可实际上呢？完全不会出现这种状况，最初的时候，水面较高，每分钟的流量一定会大于浴缸容量的 $\frac{1}{12}$，而这个数量会随着水面的降低，慢慢减少，每分钟的流量便会小于这个 $\frac{1}{12}$，没有哪一分钟的流量是正好与 $\frac{1}{12}$ 相等的。

根据浴缸排水问题，我们会想起马克·吐温曾经讲过的一个关于怀表的故事，他是这样说的：怀表是个很规矩的家伙，平均下来走得都十分精准，一昼一夜应该转动多少圈，它就会丝毫不差地相继完成，但是你仔细留心过它的调皮吗？它总是在上半夜走得快一些，下半夜偷偷打个瞌睡，走得缓慢一点。我们可以利用此表来解决水流的平均速度这个问题，即如何利用马克·吐温的怀表来计时。我们在解答一些问题的时候，通常要考虑到自然属性的现实情况，书本上的知识有很多部分都是经过简化的，与现实存在着一定的差异。如果我们考虑自然属性，你会发现结果完全不一样了。

假如最初在水面还不太高的时候，就往里面注水的话，流量小于浴缸容量的 $\frac{1}{12}$，那么当水面上升到了一定高度，再注水的话，流量就会大于 $\frac{1}{12}$，甚至还可以达到容量的 $\frac{1}{8}$。

现在一切都明了了，水注满之前，排水量和进水量是相等的。水面不再上升，所有龙头里流出来的水会毫不犹豫地从排水孔中流走。水面永远低于浴缸顶面，所以它是注不满水的，下面我们还是用数学运算来证实上述的分析吧。

（2）如果说注水和排水的时间都是 8 分钟的话，开始注水的时候，水面较低，每分钟的进水量便是浴缸容量的 $\frac{1}{8}$，而流量则小于 $\frac{1}{8}$，因此，水面会不断上升，直到进水量等于排水量，所以浴缸里面永远都不会是空的，它会巧妙的存有一部分水。因此我们可以做出推断，注水的时间等于排水的时间，而浴缸中水面的高度则在整个浴缸高度的 $\frac{1}{4}$ 处。

（3）、（4）、（5）经过一番的分析和判断，我们应该不会在对这三个问题答案的正确性产生怀疑了。它们都有一个共同点，那就是排空水的时间比注满水的时间短，因此整个浴缸是不可能注满水的，但是不管如何，进水量究竟有多少，浴缸中一定会残留一部分水的。我们可以慢慢回想一下，最初的时候，由于水面较低，流速就会相对很小，而在流向均匀的情况下，不管流速大少，水面还是会持续下降的，那么无论如何，水槽中都会残留下哪怕很少的一部分水，也就是说，只要进水的时候，流速均匀，任何带孔的柱形物体中，都是会留下一部分残余液体的。我们可以从数学的角度，来再次分析一个这些问题，我们也可以看出，那个两千多年来就作为中学生基础算术题的水槽问题，已经大大超出了算术初学者所能够解答的范围了。假如我们往一个圆柱形水槽里面注水，并且同时把排水口也打开，那么将会发生什么呢？我们可以来解算一下，看看注水的时间 $T$，排水的时间 $t$ 和液体所能到达的高度 $l$ 之间的关系，现在我们来说明下，一些符号所代表的意义：

$H$——水槽蓄满的时候，液体所达到的高度；

$T$——注满水槽所需要的时间；

$t$—— 蓄满的水槽排完全部的水所需要的时间；

$S$——水槽截面；

$c$—— 排水孔的截面；

$W$——液面在水槽中下降的秒速度；

$v$——排出液体的秒速度；

$l$——排水孔打开水面的高度。

我们可以看出，每秒钟液面下降的速度是 $w$，那么就可以轻易列出一秒钟内排水孔中流出的液体体积 $Sw$ 等于排水液柱的体积 $cv$，也就是 $Sw=cv$，因此：$w=\dfrac{c}{s}v$。

我们还要依据著名的托里拆利公式来得出，排水孔中液体流出的速度 $v=\sqrt{2gh}$，而前面，我们已经设定 $l$ 为液面的高度，$g$ 则是重力加速度。而排水孔关闭的时候，液面上升的速度 $w$ 等于 $\dfrac{H}{T}$，要是始终保持这个平面的固定，那么只有液面上升的速度与下降的速度保持一致，就也存在这样一个等式了：$\dfrac{H}{T}=v=\sqrt{2gh}$，那么固定下来的高度 也就等于：$l=\dfrac{H^2S^2}{2gT^2c^2}$ （1）。

这就是在打开排水孔后，水槽注水所得到的最大高度。如果除去其中 $S$、$c$ 和 $g$ 的大小，我们就可以简化这个公式了。打开水龙头，内壁垂直的水槽内，液体保持着一种匀速变化的运动，就也是它的初始速度 $w$，尾速度等于零。至于这个运动的加速度 $a$，我们可以通过下列方程式中计算出来：$w^2=2gh$，因此：$a=\dfrac{w^2}{2H}$。我们将表达式 $w=\dfrac{c}{S}v$ 和 $v=\sqrt{2gh}$ 代入后得，$a=\dfrac{c^2v^2}{2S^2H}=\dfrac{c^2\cdot 2gH}{2S^2H}=\dfrac{gc^2}{S^2}$，对于运动情况来说 $H=\dfrac{at^2}{2}=\dfrac{gc^2t^2}{2S^2}$，因此 $t^2=\dfrac{2HS^2}{gs^2}$，我们若代入式子 （1） 便可以得到：

$$l=\frac{H^2S^2}{2gT^2c^2}=\frac{H\cdot HS^2}{2T^2\cdot gc^2}=\frac{Ht^2}{4T^2};\ \frac{l}{H}=\frac{t^2}{4T^2}$$

如此一来，水槽液面的高度将会占据整个水槽高度的一部分；该高度我们同样也可以通过下面的公式计算出来 $\dfrac{l}{H}=\dfrac{t^2}{4T^2}$。

你知道吗？液面的最大高度和水槽、排水孔的形状，以及截面的大小是完全没有关系的，而且它跟加速度 $g$ 也不存在任何联系的。水槽蓄满后的液体高度 $H$ 就是任何一个在 $t$ 秒内下降液面的高度。现在，我们要运用推导出来的公式，解答一下上述的问题。

（1）注水所需要的时间是 $T=8\text{min}$，排水所用的时间就是 $t=12\text{min}$。那

么最大高度 $l$ 占水槽高度 H 的比例又是多少呢? 应该就是: $\dfrac{l}{H} = \dfrac{12^2}{4.8^2} = \dfrac{9}{16}$，也就是说浴缸只能注入到 $\dfrac{9}{16}$，不管此后的注水时间会有多长，高度都不会有任何上升。

（2）此时，$T=f-8\text{min}$，浴缸会注入到 　。

（3）如果此时此刻 $T=8\text{min}$，$t=6\text{min}$．

$$\frac{l}{H} = \frac{6^2}{4.8^2} = \frac{9}{64}$$

浴缸就会注入到 $\dfrac{9}{64}$ 了。

（4）$T=30\text{min}$，$t=5\text{min}$．

$$\frac{l}{H} = \frac{5^2}{4.30^2} = \frac{1}{144}$$

那么浴缸的注入就会达到 $\dfrac{1}{144}$。

（5）如果 $t$ 小于 $T$ 的话：

$$\frac{l}{H} = \frac{t^2}{4H}$$

也只有在下述两种的情况之下，我们所得到的式子才会等于零，第一个是 $t=0$，$T \neq 0$。它的意思就是说，浴缸瞬间排完所有的水，很突然亦有些不符合现实。第二个则是，$t=0$，$T= \infty$。也就是说，关闭排水孔的浴缸永远都注不满水，也就表示，秒流量等于零，龙头已经完全无法出水，而在现实生活中，这个情况就意味着关闭水龙头。只要打开水龙头，浴缸不再瞬间将水全部排出的话，就不会等于零，浴缸中便会残留一部分的水。

## 2.79 水漩涡

题：如果你是一个很细心的人，你就会发现我们在给浴缸排水的时候，排水管附近会出现水漩涡，你能看清它旋转的方向吗？是逆时针还是顺时针呢？

解　其实，早在几年前，这个问题就已经引起著名数学家格拉维院士的关注了，他曾这样写道："如果我们是借助水槽底部的排水孔来排水的话，那么排水孔上部就会形成一个漏斗形状的漩涡，这个漩涡好像拥有生命力一般，在北半球，它是以逆时针方向来旋转的，到了南半球，它便顽皮地改变了旋转的方向，如果你仍然感到困惑，那么请你亲自放掉浴缸里的水，来体验一次吧！为了更好的观察漩涡的旋转方向，我们可以在水中放一些碎纸片，这是能够在家中操作的最简单的，能够验证地球自转的最有效的实验了！"

由此，学者们便作出了一些实用性的结论来，这也是关于水轮机的重要结论。如果一台涡轮机是沿着逆时针方向旋转的话，那么地球的自转便能起到帮助它做功的作用了，如果它是顺时针的话，情况就会完全相反，地球的自转便会起到一定的阻碍作用了。因此我们在预定新的涡轮机的时候，为了能够使涡轮机沿着有利的方向旋转，应该严格要求轮叶的倾斜方向，否则会造成影响和不适。

我们每一个人都清楚地知道，地球自转会导致气旋产生漩涡状的扭曲，也就正是铁路上，为什么右边铁轨的磨损会更严重的原因，也正因为这一点，我们似乎可以猜测出，地球自转也会影响到水槽中的水漏斗和水轮机的。

可是，我们并不能因此就相信一切最初的印象。仔细观察浴缸排水孔附近的水漏斗，我们很快便验证出来一些"不同寻常"的状态：实际生活中，水漩涡有时候是沿逆时针旋转的，但有的时候，它会改变方向，沿着顺时针来旋转了。特别是当参与观察实验的不是同一个水槽，而是不同的水槽时，不但运动方向不稳定，就连运动趋势也不明显了。

观察情况与运算出来的结果是一致的。该结果清楚地表明，此时产生的回转加速度的值相当小，运用一个公式可以来表示：$a=2v\omega\sin\varphi$。在这里，我们用 $a$ 表示回转加速度，物体的运动速度则用 $v$ 来代表，$\omega$ 则是地球自转的角速度，至于 $\omega$ 所代表的是地处纬度。如果说圣彼得堡所处的纬度上，水流的速度是 1m/s，那么 $v=1$m/s；$\omega=\dfrac{2\pi}{86400}$；$\sin\varphi=\sin 60°=0.87$；

至于 $a=\dfrac{2\cdot 2\pi\cdot 0.87}{86400}\approx 0.0001$m/$s^2$

我们都知道，因为地球的重力加速度等于 9.8m/$s^2$，如此以来，回转加速度就是重力加速度的十万分之一。就也是说，所形成的作用力是旋转的水漩涡重力的十万分之一了。现在一切便明朗一些了，水槽底部装置中，只要有一点不平整，就会对水流方向造成影响，而这种影响远远要比地球自转造成的影响大得多。

我们对同一个水槽的排水情况进行了相当细致的观察，我们发现，旋转方向是相同的，而这一点并不能证实预期设想的旋转规律，水槽底部的形状和它表面的粗糙度才是确保漩涡方向相同的前提条件，而不是地球的自转。

现在，我们便能够这样理直气壮地回答个问题了：排水孔附近的水漩涡的旋转方向是无法预测出来的，这个方向要根据具体情

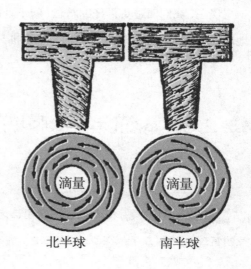

图 2-16 漩涡运动示意图：上面显示浴缸在流水，下面则显示旋流器中的空气

况来决定，而不是通过计算便能够计算出来的。

通过运算表明，液体中由地球自转形成的漩涡直径要远比排水孔附近的大得多。我们依旧选择圣彼得堡的纬度来举例说明下，它的流速为 1 米／秒，漩涡直径便会达到 18 米，如果速度是 0.5 米／秒的时候，直径就与流速成正比，也就是 9 米。

你知道地球自转对水轮机做功的影响吗？理论上可以证明，地球的自转会促使每个旋转着的轮状物的轴线同地轴平行，旋转方向亦相同。别利就在自己一本关于回旋体的书中这样写道："所有绕轴线旋转的物体当前都处于运动之中，它的轴线总有偏向于北极星的趋势，可是，不管旋转的物体怎么想极力地挣扎抗拒，这个趋势都是不能完成的。"

水槽排水所形成的漩涡受地球自转的作用力是非常微小的，也就是说，地球自转的作用力还不到重力的十万分之一。因此，只要涡轮机旋转体外壳的不均质性是不能避免的，而它对水漩涡的作用力便要成为主要作用了，因此地球自转对它的影响也就微不足道了。

现在，我们回过头再仔细想想，就不难发现格拉维院士在上文中所提到的：地球自转能够帮助旋转装置做功，也不再具备那么强大的说服力了。

## 2.80 春汛和枯水期

**题：** 春汛的时候，河水表面很容易凸起来，而到了枯水期，它又成了泄了气的气球，凹下去了（图 2-17 ~ 18）。这究竟是为什么呢？

**解：** 冬去春来，潮起潮落，人们似乎习惯了大自然带给我们的一切变化，只在不经意间，慢慢追寻着这些变化中细小的原因。

图 2-17 春汛期的河水表面

图 2-18 枯水期间的河水表面

春汛和枯水期河面会发生翻天覆地的变化，表面曲度很有差异，这是因为水体中部轴心的部分的速度，要比水体边缘的速度大：在主流线上，河水奔流的速度要比岸边的相对急些。所以春汛的时候，上流的河水出现增长的状态，水量很充沛，轴线附近聚集的水量要比岸边的多，所以中央便会涨起来。

而到了枯水期间，水量减少，主流线上的河水流失量要比岸边大，河水表面就会不受控制地凹陷下去。

这种现象在宽阔的河道中表现会更为明显。列克曾经在《地球》这本书中如此写道："密西西比河的汛期，河水的平均横向高度是1米。木材流放在河

91

水中间，会从河水的凸处滑落下来，到了枯水期，木材便会聚集到了河道的低洼处。"

## 2.81 波浪

**问题：** 在海边散步，你就会发现海浪拍击海岸时，形成一种弯曲状的波峰，这是为什么呢？（图2-19所示）

**解** 我们都知道，水体的深度决定了该水体表面波浪的传播速度，也就是说，深度的平方根和速度是成正比的，波浪在海面上无拘无束地运动时，速度要比波谷快，所以波峰就会比波谷高，呈现弯曲向前的状态。

当然，还有一种解释，海浪成一定角度平行靠近岸边，撞击到岸上的浪脊就会同海岸保持平行状态，而前面靠近海岸的那些波浪是不会减速的。因此我们便不难设想出来，波浪会不停的朝向海岸运动，直到与海岸不再保持平行。

波峰

图2-19 波峰总是成弯曲状拍打着岸边

第**3**章

气体

## 3.82 空气的第三种主要成分

 你能说出空气的第三种主要成分吗？

**解** 人们似乎总是习惯性的认为，空气中除了氧和氮外，它的第三种常规成分便是二氧化碳了，其实事实并非如此，在很早以前，人们就已经发现，空气中还存在着一种气体，它的含量是二氧化碳的 25 倍，是一个很惊人的数字，它就是氩，属于惰性气体，几乎占据空气的 1%，而二氧化碳只占了 0.04%。

## 3.83 最重的气体

 你知道最重的气态元素吗？

**解** 有人说最重的气态元素是氯，它的重量是空气的 2.5 倍。听起来似乎很可信，但是这种观点是完全错误的，世间还存在着几种比氯更重的元素，它就是氡，它是空气的 4.5 倍，相当于 150 立方米的空气中就有 1 立方米的氡。

如果只要求我们说出气体，而不是什么气态元素的话，那么最终的气体包括：四氯化硅，是空气的 5.5 倍，羰基镍簇是空气的 6 倍，还有六氟化钨，它的沸点是 19.5℃，重量则是空气的 10 倍。至于比氯更重的气体则有汞和溴，分别是空气的 5.5 倍和 7 倍。

# 3.84 人能否承受 20 吨的压力?

**题:** 我们假定人体表面积等于 2 平方米,那么人体所能承受的大气压能否达到 20t 吗?（图 3-1 所示）

**解** 当然在回答这个问题之前,我就知道,许多教科书和科普读物的传统观点是,人体能够承受 20t 的大气压是毫无意义的。我们首先来运算一下,这20t 的压力是从何处而来。

每平方厘米身体表面受到的压力是 1 千克,而身体表面积有 20 000 平方厘米,也就是说其承受的总重量等于 20 000千克了。其事实并非如此,人体不同点上的力作用方向是不同的,从算术角度则认为这些互成角度的力相加求和的运算是完全没有任何意义的。采用矢量相加的方法,所得的结果和上述完全不一样了:所有压力的合力等于身体体积内部空气的重量,也就是身体所受压强为 $1kg/cm^2$ 。

当然,这个压力是很容易发生改变的,它靠内部压力平衡。而且它产生的压强并不大,只 $10g/mm^2$ 。

现在我们尝试一下换个方式提问,可以更科学地得到大气压的值了。

（1）大气压给予身体上部的力是多少?

图 3-1 人体是否能够承受 20 000 千克的重量

(2) 大气压对身体两侧施加的力又是多少？

第一个问题需要我们算出身体横截面，大约是 1 000 平方厘米，所受到的总压力为 1t。第二种情况需要计算身体纵截面，大约是 5 000 平方厘米，所受的总压力也就是 5t。然而如此巨大的数字得出的结论还是一样的，只是用了不同的表述方法而已。依据上述情况，我们将单位压力换成总压力是没有意义的，只有在总压力是一个运动力的时候，比如蒸汽机汽缸中的活塞受到蒸汽施加的压力才适当。而应用到人体上，类似的换算似乎变得没有意义了，如图 3-1。

 # 3.85 呼气时所用的力

 **题：** 一个大气压和我们所呼出的气体的压强，哪一种会大些？

**解** 你知道吗？我们平缓呼吸的时候，所呼出的气体压强比外部空气的压强略微大些，是 0.001at。

如果我们在呼气时，稍微憋一会儿再呼出的话，这个压强就要比自然正常状态下的大很多，应该是 0.1at。几乎等于 76 毫米的水银柱。当我们朝开口的水银气压计曲柄的地方吹气，水银面会上升，将这个力淋漓尽致地表现出来，当然如果我们收缩胸肌猛吹一口气的话，水银表面可能上升 7 到 8 厘米呢！

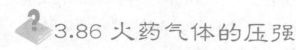

## 3.86 火药气体的压强

**题:** 炮弹被发射出去需要火药有多大的压强。

**解** 火药气体的压强只有达到 7 000at,才能发射炮弹,也就是说,需要 70 千米高水柱的压强。

## 3.87 倒置水杯中的水

**题:** 我们经常在科普书上看到这样的实验,将盛满水的杯子倒置,而纸片 却不会从杯口掉落(图 3−2),因为纸片下方受到外部空气压强的一个大气压, 而水对纸片施加的压强是一个大气压的几分之一,也就相当于两者的比例,是 等于杯子内深度与十米气压水柱之间的高度比例,那多余的压强足够使纸片紧 贴杯口,无法掉下来。

纸片贴在杯口的压强大约为整个大气压(0.99at)。那么,如杯口直径是 7 厘米,纸片所受的作用力大概便是 $\pi \times 7^2 \approx 38kg$。这就很明显了,纸片 掉落根本不需要如此大的力,一个很小的力就已经足够了。而几十克的金属片 或者玻璃片跟纸片的状态是完全不同的,它不可能贴紧在杯口上,受到重力作 用便会轻易掉落下来。

**解** 我们看到纸片贴紧水面,就妄自说杯中只有水而没有空气,这是错误的。

如果两个互相接触的光滑物体之间没有空气夹层的话，我们是无论如何也无法在光滑的桌面上将光滑的物体拿起来的。我们只能先克服大气压，巧妙地用纸片盖住水面，这样便会留下很薄的一个空气夹层。

轻轻将杯子倒置过来，我们屏住呼吸，仔细观察会发生什么状况，在水的重力作用下，纸片稍稍向下凸出，如果我们选择用薄板来代替纸片的话，那么薄板就会轻易地从杯口坠落下来。

这也就证明，杯底存在部分空间，是留给位于纸片和水之间少量空气的。这个空间要比先前的大，因为空气间隔增大，就会减少压力了。所以留在纸片上的压强只有大气压，和大气压加上水的重量，它们一个是外部的，一个则是内部的。由于两个压强均衡，所以我们只要对纸片施加一个很小很小的力，就能够让纸片掉落下来。

其实就算有水重量的作用，纸片凸出的幅度也不是很大的，含有气孔的空间大小，增加1%，杯子里的压强就会减少1%，相当与10厘米高的水柱。如果水和纸片之间，最初的空气夹层厚度是0.1毫米，那么用它乘以0.01，也就是0.001毫米，就足够叫纸片伏贴在倒置的杯口了，所以，我们直接借助内部气体就能够让纸片凸出来，完全没有必要用其他的外力。

曾经看到一些书籍中，要求做这个实验必须要杯子里装满水，否则实验就不会成功，因为纸片两面都存在着均衡的气体，纸片受到水的重力的影响就会掉下来。但当我们顺利完成实验，发现这种猜测并不正确，就算杯子中的水并不满，纸片依旧牢牢贴着杯口，将纸片抚平之后，我们会看到一些细小的气泡存在了杯子里。这说明了，杯子中只有很稀薄的空气。将水杯倒置过来，水层向下流，挤压部分空气，剩下的那部分占有更大容量的空气就会稀薄，而满水的杯子，它空气稀薄的

图 3-2 纸片为什么不会掉落

程度更大，我们将纸片折卷后，透过水杯的气泡，就能够清楚的看到这一点。空气越稀薄，纸片就会更紧的贴附在杯口。

或许写到这里，有人就会问，为什么需要用纸片来封住倒置的盛了水的杯子，难道杯子中的水就不能因为气压作用而不流出来吗？

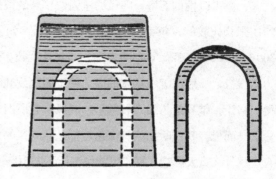

图3-3—4 详细解答倒置水杯的实验。么我们就一起往下探究吧

现有两个长度一样的并带有弯曲的虹吸管（图3-3），它们装满液体，并将管两头的开口放在同一水平面上，里面的液体就不会流出来了，但是如果虹吸管稍微的有点倾斜，液体就会毫不迟疑地在位于下端的开口处流出来，两边液面的差距就会越来越大，如此一来，液体的流失也就越快。

如果想要杯子里的水不流出来，倒置杯中的液面就应该保持水平，这样纸片才会发挥作用。如果液体表面的一个点比另一个点低的话，就会像实验中的虹吸管那样，液体会流出（图3-3 ～ 3-4所示）。

## 3.88 飓风和蒸汽

问：在生活中，我们会接触到飓风，亦会看到蒸汽机汽缸中的蒸汽，那么你知道它们谁的压强会更大一些吗？

解 在书中看到过这样的报道，极具毁灭性的飓风，能够将百年橡树连根拔起，亦可以推倒石墙。飓风的压强似乎真的很强大，但还是不能跟汽缸中蒸汽的压强相比较的，每平米上的压力是 300N，如果转换成平方米的话，就应该是 300÷100 00=0.03kg/cm³=0.03at。当然这个数字还是很保守的，若不考虑超大压力的汽缸，一般汽缸中蒸汽的压力就可能达到几十个大气压。所以，我们便可以得出结论，就算最为强烈和危险的飓风，它所产生的压强不过是汽缸蒸汽的几百分之一而已。我们吹出的气流速度都是强飓风的几十倍，因为气流量太小，才没有造成什么重大影响，更不可能像童话王国中巨人那样一口能吹走轮船。

## 3.89 哪个含氧量更多些？

**题：** 我们会呼吸，水中的鱼也会呼吸，但是你知道我们和鱼所呼出来的气体，哪一种更富有氧气吗？

**解** 经过科学家反复验证，我们所呼吸的空气，含氧量大约是 21%，而氧气在水中的溶解量是氮气的 2 倍，可见，溶解在水中的氧气比空气里含氧量要大得多，大约达 34%。

## 3.90 水中的气泡

**题：** 我们若将盛满冷水的杯子拿到一间温度较高的房间，就会看到杯子里会出现一些小泡泡，你知道这是为什么吗？

**解** 我们都知道，冷水中的气泡加热后便会成为溶解在水中部分空气，因为气体在温度升高的时候，其溶解性会减小，水受热前，已经溶解在水中的部分气体会挥发出来，剩余部分的气体就会以水泡的形式残留下来。

你知道一升水中的空气含量是多少吗？每升水中能够分解出 2 立方厘米的空气。假如水杯容量是 1 升的话，它就可以分解出 500 立方毫米的空气来，而气泡的平均直径不过是 1 毫米，如此一来，这些空气不就能产生成千上万的气泡了吗？

# 3.91 云层为什么不会掉下来？

**题：** 天空中飘荡着一朵朵云彩，不管它们有多厚重，多广泛，都不会从天空中飘落下来，还是那样优哉游哉地游动，你知道这是为什么吗？

**解** 在以前，学术界广泛地认为，云是由充满蒸汽的水汽泡微粒构成的，但是经过反复实验与探索，人们推翻了这一理论，知道了蒸汽比空气轻，而且是透明的，所以它绝不是云彩的组成部分。其实云和雾气属于同一物质，是由分散的液态水慢慢拼接一起构成的，它们的直径为二百分之一微米左右，单位质量是干燥空气的 800 倍。

水珠在降落过程中，遇到的空气阻力很大，所以降落的速度极其缓慢。半径为 0.01 毫米的水珠，它的平均速度为 1 厘米／秒，也就是说，云层并不是漂浮在空中的，它有自己的轨迹，缓慢地降落着，只是不幸的是，一股非常微弱的上升气流都会阻止到它，轻轻托起，将降落转变成了上升。

# 3.92 球与子弹

**题：** 空气虽稀薄，但一样能阻止物体运行，那么对于抛向空中的球和从枪管飞出的子弹哪一个所受的空气阻力更大？

**解** 很多人都认为，快速飞行的子弹在空气中运动，自身是不会受到明显障碍物干扰的。然而事实并非如此，就是因为它的速度快，才会在飞行时遇到相当大的空气阻力。

步枪的射程大约能够达到 4 千米，如果空气的阻力不存在的话，它会比原来的射程远 20 倍！子弹离开枪管时的速度大概是 900 米／秒，而力学清楚地告诉我们，如果想要物体飞行距离达到最远化，就应该沿着与水平面成 45° 仰角将物体扔出去。我们可以通过公式将距离计算出来：$L=\dfrac{v^2}{g}$，在这里我们用 $v$ 表示初始速度，重力加速度用 $g$ 表示，通过前面，我们知道 $v=900\text{m/s}$，$g \approx 10\text{m/s}^2$，代入后，我们便能轻松的得到这个公式：

$$L=\frac{900^2}{10}=8100\text{m}=81\text{km}$$

空气能够对子弹造成如此大的影响，是因为介质阻力的值不是和速度本

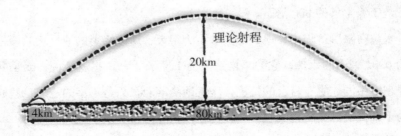

图 3-5 子弹在空气中飞行受到了很大的空气阻力，子弹射程不是 80 千米，而是 4 千米

身，而是和速度的幂成正比例关系，所以空气会对子弹造成极大的阻碍，但是面对抛出的球来说，结果就不一样了，我们将力学公式应用到球上面的时候，所得到的空气阻碍几乎是可以完全忽略不计的。我们可以这样假设在真空中，沿水平面45°夹角用力将球抛出去，此时球的运动速度大约为20米／秒，会在40米的地方落下，那么就是（$20^2 \div 10$）几乎等于实际中球飞行的距离。子弹在空气中飞行是受到了很大的空气阻力，子弹射程不是80千米，而是4千米。

图3-6 球飞行的时候，所形成的不是抛物线（虚线）而是弹道曲线（实线）

 ## 3.93 称出气体的重量

题：学过物理的人都知道，气体分子处于不断运动的状态，那么封闭的高压容器中，气体分子的重量施加到容器底部的现象又该如何解释呢？

解 很多学生都被这个问题困扰过，而一般的科普书籍并没有对此产生关注，更没有多加分析，可是我个人认为这个很重要，值得我们探索一下。靠近地表容器中的气体施加给底部的压力要大于容器壁所受到的压力，而且这个压力大小又正好与容器中分子的总重量相等。在容器内上部和下部气体的密度并不相同，它跟空气一样，高处的密度要小些，那么压缩程度更大的气体施加的压力自然而然会更大一些，我们通过具体实例就可以证实上述的理论是对的。

一个高为 20 厘米，截面为 100 平方厘米的圆柱体容器，根据拉普拉斯公式我们可以知道，在常温条件下，空气每升高 20 厘米，密度和压力就会相对减少 1/40 000，如此时空气置于 n 个工业大气压下，它给 100 平方厘米施加的压力的重力大小就是：$1000 \times n \times 100\,000ng$，而顶部受到的压力大小等于这个值的四万分之一，那么也就是：

$\frac{10\,00n}{40\,00}2.5 \times ng$，这也是容器中气体的质量大小就是 $2.5n$ 我们亦知道，这个容器的容量是 2 升，在常温中一个大气压下 1 升空气的重量大约是 $1.25g$，那么：

$$1.25 \times n \times 2 = 2.5n$$

如此看来，用很简单的方法就可以解答这个看似非常复杂的问题。

## 3.94 模仿大象

**题：** 我们都看到过大象将自己整个淹没在水中，将鼻子伸到水面上去自由吸收空气（图 3-7 所示），而人们忍不住好奇去模仿大象，只是自己的鼻子不够长，只能用管子贴紧嘴巴，代替象鼻。以为这样就可以享受大象的那种悠然，却发现嘴鼻耳中都出现了流血的情况，而且不断恶化，就连最优秀的潜水员也不能幸免于难，这是为什么呢？

**解** 曾经在格尤恩特的《征服深度》一书中看到过这样的话：以前人们都

认为只要穿着秘制不透水的潜水服，保证潜水用的导管与水上世界通氧，那样就可以潜入水下了，甚至不受时间的限制，能够自由自在地游在水下。但最终，现实与实验结果通通推翻了这一认知。潜水员潜水过程中，经常会出现口耳鼻出血的现象，造成很严重的后遗症。

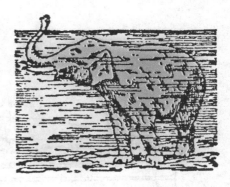

图 3-7 为什么我们不能模仿大象

为了明白其中的原因，一战刚刚开始的时候，维也纳学者什基格列尔就科学地对这一现象进行了解释。

我们将一个长约 30 厘米的粗管子插到嘴里，然后用手捏紧自己的鼻子，将头整个浸在水中，只靠管子来呼吸。只要你是亲身经历的，你就能够感觉到，头没水下才几厘米的时候，呼吸就已经非常困难了。什基格列尔进一步研究后发现，人在深度为 60 厘米的水下，只能停留 3 分钟，到了 1 米处就会减少，变成 30 秒，而到了 1.5 米的时候就变成了 6 秒，如果在深度为 2 米深的水下，仅仅依靠吸管呼吸的话，几秒中内就会出现心脏膨胀，此后人将卧病在床 3 个月，再严重些会出现生命危险。因为人的胸腔、肺部和心脏不但承受空气的压力，身体表面也会受到上面水层的压力，这些会造成人呼吸困难，阻碍血液循环，将血从腹腔和四肢挤压出来，相应的血管也会受到挤压，造成心脏无法从中吸收到血液的严重后果。

什基格列尔对此进行了一些小动物实验，他这样写道："一段时间以后，血液循环功能便开始下降，脉搏出现不稳定和间歇停止跳动的现象。如果这时，外部压力继续加大，就会造成四肢功能和胸腔器官衰退的现象，心脏和肺部会供血不足，最后，动物的胸部细胞受到严重挤压，呼吸会衰弱，直到停止。

我们解剖实验中的动物，很容易就发现，它的腹腔失血过多，心脏、肺部和大多数血管一样充血过多而膨胀。也正因为这点，潜水员也会因外部压力过大，而肺部血管破裂，口鼻耳出血。"

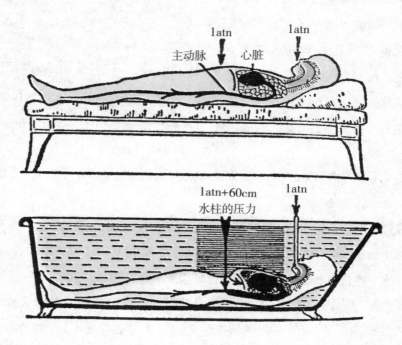

图 3-8 人在空气中与浸在水里受到大气压作用后，所产生的变化

或许这时你心里那个疑团会更加严重。那就是，我们不是还能够潜入较深的水中，并且能够待上一会儿吗？我们并没有受到什么伤害呀！其实潜入水下的情况并不是完全一样的，潜水员在跳水的时候，会努力吸入空气，随着身体潜入水中，外部水给予肺部空气的压力会越来越大，同时它也会向外施压，这压力的大小跟外界压力是相等的。所以潜水员心脏内不会出现充血过量的现象。而身穿紧密加压潜水服的潜水员，其身上潜水服密封的空气压力亦等于外部水的压力，所以潜水员穿着紧密加压潜水服也不会受到伤害的。

# 3.95 平流层中的高空气球吊舱为什么不会爆裂

**题：** 有一个气球的球形吊篮在平流层中，它的直径是 2.4 米，其科尔楚吉诺硬铝合金壁厚度为 0.8 毫米。

这时，吊篮处于飞行状态，它的内部的压力不小于一个大气压，当它到达 22 千米的高度时，外部空气的压强为 0.07at，吊篮每平方厘米受到内部的压力是 0.93 千克，如此一来，我们就不难算出，40t 的力就能够将这个半球轻松撑破。

可是为什么在如此大的压力下，吊舱并没有像在空气泵上充气的儿童气球那样脆弱，发生爆裂呢？

**解** 毫无疑问，导致吊篮爆裂的力会非常大。我们可以计算一下，气囊截面每平方厘米上会受到多大的作用力，所以先将球形吊篮撕裂成两半的力等于：$0.93 \times \frac{\pi}{4} \times 240^2 \approx 42\,000 kg$。这个力施加到两半球的圆形表面的接触面上（图 3-9）。球形吊篮的厚度是 0.8mm=0.08cm，所以我们就能匀算出圆形表面积约等于：$\pi \times 2\,400 \times 08 \approx 60 cm$，那么一平方厘米所受的力是：42 000÷60=700kg。在 $4500 kg/cm^2 \sim 10\,000 kg/cm^2 (45\,000 N/cm^2 - 100\,000 N/cm^2)$ 的压强下，就算吊篮的材料是钢，也会破裂的，而此时存在的危险是原先的 7 ~ 15 倍。

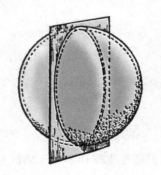

图 3-9 平流层气球吊舱园面的大小

# 3.96 向气球的悬篮中引入绳子

**题：** 在什么样的情况下，我们能向高空气球的吊舱中引入一根阀门绳，而不叫舱室内的空气飘到外面稀薄的气体中？

**解** 如果你想了好久也不知道答案的话，我可以教给你一个皮卡尔教授的方法。在吊舱内安置一根虹吸管，它的长弯管接通外界空气，因为吊舱内部的压力不会比外部的压力大出一个大气压，所以在长弯管中注入水银，它的水银面不会比短的高出 76 厘米，我们就用它巧妙地将阀门绳导入进来，这样空气就不会飘到外面去了。

图 3—10 皮卡尔导入阀门绳的方法

# 3.97 悬挂着的气压针

**题：** 我们做一个游戏，先在气压柱的上端固定一个秤盘，而另一端用砝码来保持平衡（如图3—11）。如果气压计上的压强发生了变化，天平还会保持平衡吗？

**解** 仔细观察天平上的气压柱，有些人会认为水银柱是支撑在容器下面的水银上的，不会对支点造成什么影响，更不会影响到天平的平衡。而另一些人会认为气压计上气压的任何变化都会轻易影响到

图 3—11 大气压发生变化，天平会晃动吗

天平的平衡，这两种认识，哪个才更准确些呢？

毫无疑问，第二种是正确的。因为水银上部是空的，气压计上部受到一个气压，就不会再受到内部的任何反作用了，也就是说，天平托盘上另一边的砝码之所以保持平衡，不仅仅有气压计玻璃管，还有气压计所受到的一个大气压。我们知道，管中水银柱的重量和玻璃管截面受到的大气压是相等的，砝码和整个水银气压计才能够保持平衡，这就是，水银面的任何波动，都会破坏天平的平衡。

人们发明天平气压计就是根据这个原理，上面也多了一个记录气压指数的装置。

# 3.98 虹吸现象

**题：** 你能不借助任何仪器，就能使液体发生虹吸现象吗？这里拒绝用弯曲导管的方法，更不能采用虹吸现象发生的最通常的方法（图3-12）。

**解** 想解决这个问题，我们需要使虹吸管中的液体上升，超过容器中液体的高度，直至虹吸管的弯曲处，只有这样才能发生虹吸现象。我们可以利用一些液体的特性，达到这个目的，你会发现，其实很简单，只是我们没有注意到而已。

我们可以取一个能用大拇指封严的玻璃管，封住管口后插入水中，只要我们移开拇指后，液体就会迅速充进管里，这时，你就会发现，最初管中的水上升到了高于容器中水位的高度，但又迅速和外面液体的高度持平了（图3-12）。

管中液面之所以会高于容器中的液面，是根据托里拆利公式算出来的。我们松开手指的时候。玻璃管中液体在最低点的速

图3-12 图3-13 问题98的答案

度 $v=\sqrt{2gh}$ ，这里 $g$ 代表重力加速度，$H$ 是管子低端离容器液面的深度。此后，因为管中上升的那部分液体总被其下的液体支撑，速度不会因为重力的原因而产生丝毫的影响，不会发生我们向上抛球时所观察的现象。向上抛球一共有两个运动，一个是向上的匀速运动，一个就是向下的加速运动，而我们的玻璃管中没有第二个运动。

最终，液体进入玻璃管中达到容器中液体的高度时，其速度是等于液体的初始速度的，也就是 $v=\sqrt{2gh}$ 。本来理论上它应该再上升一个高度 $H$ ，但是由于摩擦力的作用，上升高度明显小于 $H$ ，而如果玻璃管顶部变窄，这个上升高度会增加。

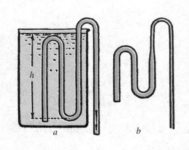

图 3-14 事先没有充水的虹吸现象

这种想让虹吸现象发生的方法很简单，图 3-14 中，左边所显示的就是这种自动虹吸现象，我们已经明白了它工作的原理，为了使第二个弯曲点的高度得到提升，虹吸管相应部分的直径要缩小（图 3-14 右），如此一来，当液体缓缓从粗管口流到较细的部分时，所提升的高度相对就大些。

 # 3.99 在真空中会发生虹吸现象吗？

 **题：** 虹吸现象在真空中能够发生吗？

**解** 面对这个问题，我想很多人的回答可能都是明确而简单的两个字"不会"，因为大多数的中学教科书，甚至大学教科书中都这样认为，大气压是造成液体虹吸流动的唯一原因。

那么事实呢？让我更清楚地告诉你们，这是物理学上的一个偏见，早在 1930 年，波里教授就在自己的著作《力学与声学序言》中这样说："真空中液体在虹吸作用下，流动得更加明显而典型，在原则上，液体虹吸现象的发生完全与大气压无关。"

那么，我们该如何抛开大气压力的影响，来详细地解释虹吸现象的原理呢？由于虹吸管右半部分的液体柱相对长些重些，所以它就会迫使液体不停地流向玻璃管的长端，通过与滑轮两端绳子的对比，我们便可以很直观地理解这一想象了。（图 3-15）。

图 3-15 解释虹吸作用的直观现象

那么在我们研究的过程中，大气压又扮演着什么样的角色呢？其实大气压只能维持液体的连续性，阻止液体柱从虹吸管中流出。当然有一些条件可以不需任何外力，就能维持液体的整体性，液体的内聚力便是其中之一。"在没有空气的环境下，我们所研究的虹吸作用通常都会停止，特别是虹吸管顶端的地方产生空气泡。可是，你知道吗？如若在玻璃管臂上没有一点空气痕迹，容器中的水与容器之间的摩擦力也为零的话，你仔细观察，真空中的虹吸现象也会发生，而这种情况下，毫无疑问的是水的内聚力阻止了水柱断裂。"

波里教授还更明确的讲述："初等教科书中常常会把大气压当作虹吸作用产生的原因，然而，在很多前提下，这不是很正确的，虹吸作用的原理跟大气压没有一点关系。"当我们再次用滑轮两侧绳子的例子作对比的时候，波里教授说："这同样受用于有内聚力的液体，液体内部极少存在着气泡……"

说到这里，我们不难看出虹吸作用使液体流动的试验条件，这里大气压的角色由两个负荷活塞或者另外一种密度较小的液体来代替，即便水柱中存在空气，它们的压力也不足以使液柱断裂（图 3-16）。

两千年前，人们对虹吸现象原理的解释虽表达方式不同，但本质还是不变的，它源于公元前 1 世纪，亚历山大时期一个叫格伦的力学家和数学家，因为

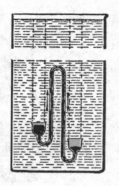

图 3-16 黄油中的汞柱虹吸实验

图 3-17 格伦在自己的著作中对
虹吸现象所作的描述

当时他并不知道空气有质量，所以幸运地没有陷入现代物理学家们的误区，他的讲述对我们很有借鉴的意义："如果容器中液面和虹吸管外部管口是处在同一水平面上的话，那么尽管里面充满了水，虹吸管中的水绝对不会流动，水的受力相当平衡。换而言之，如果容器中水的液面高于虹吸管外部管口的话，水就会控制不了地从虹吸管中流出来，因为 BC 段水柱的质量比 AB 段水柱质量大，那么 AB 段水柱就会相对重一些，就能够牵引 AB 段水柱移动了。"

格伦也明白一定会有反对意见的：如若虹吸管较短的管臂直径足够大的话，用同样的解释方法会得出水向管壁短的一侧流动的结论。

 ## 3.100 气体的虹吸现象

**问题：** 根据虹吸的原理，是否能够促使气体流动？

 **解** 这个问题的答案相当明确，那就是"可以"。因为气体是没有内聚力的，大气压便成了必要的条件。比空气重的气体的虹吸原理和液体的虹吸原理是一样的，我们依旧需要两个高低不等的充有二氧化碳气体的容器（图 3-18），

将虹吸管的短臂，在保证管口低于容器中水液面的
条件下，将其插入充满水的大试管里。为了使虹吸
管在插入的过程中不进水，我们依旧可以选择用拇
指封严虹吸管的另一个端口 D。然后打开 D 口，
我们就会看到气泡经过虹吸管进入了容器里，气体
的虹吸现象开始发生，我们的实验成功了。

但要怎样解释气体从外面进入试管内呢？其实
也很简单，我们来看一下 C 端的液面自下受到大
气向上的压强，而自上而下受到的压强大小为大气压加上 C 到液面 AB 之间水
柱的压强之差，压强促使外部的空气进入试管里边。

图 3-18 气体的虹吸流动现象

 ## 3.101 抽水机能把水提升多高

**题:** 你知道水井的抽水机能把水抽多高吗？（图 3-19）

**解** 很多教科书都认为，抽水机的抽水高度绝对不会超过抽水机以上 10.3
米。然而事实上，这 10.3 米不仅仅是个理论值，更是一个无法达到的高度，
即使我们忽略掉气体会不可避免地通过
活塞和导管壁之间的缝隙，渗入泵中的
因素，也必须将水中溶有气体这个重要
因素考虑到里面。当抽水机工作的时候，
活塞下面被抽空的空间会被水中逸出的
空气所占据，正是因为这些气体所产生
的压力，才阻止了水上升达到理论值——

图 3-19 汲水机能够把水抽多高

10.3 米，并轻易将水上升的高度降低整整 3 米，即水井汲水机里水上升的高度不会超过 7 米。千万不要小看这 7 米，它在实践中是用来产生虹吸现象的关键所在，可以将水抬升到水坝上或者使水越过小山丘而到达另一边。

## 3.102 气体的流动

**题：** 气泵钟罩下安装储有常压气体的储气瓶。我们将气瓶打开，气体便会以 400 米／秒的速度，无法控制地向四周真空中扩散。如果气瓶中初始气压是 4 个大气压的话，气体向外扩散的速度又将是多少呢？

**解** 有人会说："不容置疑，被四倍压缩的气体的流动速度当然会快上很多。"也有人认为："气体流入真空的速度并不取决于它所受的压强，它们是一样的。"根据马里奥特定律，人们会这样解释：被压缩的气体的压强较大，但是这个压强下，流动的气体密度也以同样的比例增大，也就是说，流动气体受到的压强增加和质量增加是成正比的，所以流出气体的加速度与它本身的压强是没有关系的。

## 3.103 无功耗发动机的设计方案

**题：** 抽水机活塞下的气体被抽空，所以抽水机才能将水抽往高处，最高可以抽升 7 米。如抽水做功只等于抽空气体所做的功，那么不管是将水抽升 1 米，还是 7 米，所消耗的能量是相等的。所以现在我们是否能利用水泵的这个特性来设计不耗能的发动机呢？

**解** 因为活塞下的空气被抽空才导致了抽水机的抽水运动，不过抽空空气所消耗的能量取决于抽水机将水柱抽升的高度，我们来比较一下，将水抽升到1米和7米时的单程运动过程吧。

当活塞上边受到一个10米高水柱的压强，活塞下面受到的气体的压强缩小到7米水柱的压强和从水中逸出来的气体的压强；很明显，因为7米是水抬升高度的极限，所以这个气体的压强等于3米水柱的压强，也就是说汲送水高出需要克服水柱的压强为：10m−(10m−7m−3m)=10m，也就是一个大气压。

把水汲送到1米处，活塞上面所受到的压强与前者都是一个大气压，活塞下面所受到的压强等于：10m−1m−3m=6m，也就是需要克服水柱的压强是10−6=4米。

现在我们可以清晰地看到，两种情况下，活塞的位移是完全相等的，而将水汲升到7米所做的功是1米的10÷4=2.5倍。所以我们便轻轻松松地得到了答案，想设计一个无功耗的发动机，只是一个诱人的想法，却并不切合实际。

## 3.104 开水灭火

**题：** 水蒸气能够迅速把火焰的热量带走，并巧妙地在火焰周围形成一个蒸汽罩，使空气难以到达火焰部分，因此开水比冷水的灭火速度更快一些，那么我们能否根据这一点叫消防员带上桶装的开水，再用水泵抽取，达到灭火的作用呢？

**解** 这个问题的答案是否定的，因热水产生的水蒸气会迅速占据活塞下边被抽空的空间，使里面的大气压与外边相等，灭火泵当然不可能抽取出热水来。

## 3.105 储罐问题

**题：** 在储罐 $A$ 中（图3-20）储有大于一个大气压的常温气体，而旁边压力计中的水银柱用高度的变化显示储罐内气体压强的变化。我们轻轻打开旋塞 $B$，储罐里面的气体会肆无忌惮地往外逸出，直到压力计中水银柱的高度降到了标准大气压的水银柱高度。尽管我们没有关闭旋塞，片刻之后，奇怪地发现压力计中的水银柱又回升了，这是为什么呢？

**解** 我们要知道，压力计中水银柱升高也表示出储罐中气体的压强升高了，根据盖·吕萨克定律，我们不难理解，当打开旋塞时，储罐中气体的温度，因为受到快速稀释而下降到常温之下，片刻之后，气体的温度又会回升，它的压强自然而然会得到提升了。

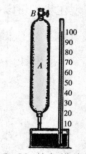

图3-20 储气罐的问题

## 3.106 大洋底部的小气泡

**题：** 一个小气泡如若出现在8千米深的大洋底部，它能否浮到水面上呢？

**解** 如果说每10米的水柱等于一个大气压，那么这个在8000米深处的小气泡，它所承受的是大约800个工程大气压的压力，这个数字是很惊人的。根据玛里奥特定律，气体所承受的压强与其密度是成正比的，也就是说，气泡在800个工程大气压的密度应该是标准大气压的800倍。而我们知道，身边的空气密度是水密度的$\frac{1}{770}$，而水的密度要比大洋底部气泡的密度小，因此它是不会浮到水面上来的。

然而我们这一结论，基本上是依据一种拟定的"假设"里，即玛里奥特定律在800个工程大气压的环境中依旧成立。我们必须要知道，在200个工程大气压时空气的密度并非是原来的200倍，而变成了大约190倍，400个的时候就变成原来的315倍。受到压力越大，就越不符合玛里奥特定律，因为压力越大，气体密度的增幅就越小。对于液体来说也是一样的。在2000个工程大气压下空气的密度，也只有标准大气压的584倍，大约只是水密度的$\frac{3}{4}$。

现在，我们就能看到，在大洋底部的小气泡是不可能获得超过水的密度的，所以，不管它在多深的大洋底部，都会浮出水面。

## 3.107 真空中的锡格涅水车

**题：** 在真空中，锡格涅水车能转动吗（图3-21）？

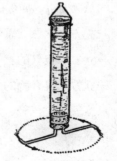

**解** 在以前，我们只是单纯地认为空气对水流有斥力，所以锡格涅水车能够转动，如果换在真空中，它便失去了这种动力。可是现在，我们慢慢明白了锡格涅水车的转动并不是完全依靠这个。管道内部敞口部分和闭口部分水压的差别造就了仪器管道中的推力，而这种压差，与仪器是处在空气里或是真空

图3-21 在真空中，锡格涅水车能转动吗

中，是完全没有关系的。也就是说锡格涅水车在真空中的转动绝对不会比在空气里的慢，而且由于空气阻力减少，反而会转得更快一些。

# 3.108 干燥或湿润的空气重量

**题：**一立方米干燥的空气，与一立方米湿润的空气，在温度和压力相同的情况下，哪个会更重一些呢？

**解** 我们都知道一立方米的湿润空气是一立方米干燥空气与一立方米水蒸气相互混合下所产生的气体，也就是说，一立方米湿润空气似乎要比一立方米干燥空气重一些，因为多了水蒸气的重量，但是我们真正得到的结论却是恰恰相反的，湿润空气竟然比干燥空气轻。因为每种气体混合物成分的压强都小于混合物的总压强，压强减小，气体单位体积的重量当然也就减小了。如果你还不太明白，我们就详细解释一下吧！

气压 $f$ 表示湿润空气中气体的压强，混合物中一立方米干燥空气的压强表示为 $1-f$。如果上述温度和气压下一立方米水蒸气的重量是 $r$，一立方米干燥空气的重为是 $q$，那么在气压 $f$ 下：

一立方米水蒸气重量是 $fr$；

一立方米空气的重量是 $(1-f)q$

一立方米混合物的总重量便等于 $fr+(1-f)q$。

水蒸气比空气轻，所以 $fr+(1-f)q < q$。因为 $r < q$，所以，我们便得出下列的不等式：

$$fr < fq$$

$$fr+q < fq+q$$

$fr+q-fq < q$

$fr+(1-f)q < q$

如此一来，在压强和温度相等的情况下，一立方米湿润空气要比一立方米干燥空气轻。

## 3.109 最大真空度

题： 在最先进的真空泵中，空气稀薄程度会是外面空气的多少倍呢？

解： 最先进的空气泵，在非常理想的状态下，所能达到的最小压强是一千亿分之一个大气压，也就是：

$$\frac{1}{100\,000\,000\,000} \text{ am}$$

真空电灯泡经过长期使用会老化，灯泡中的空气真空度与这个数值相等，并且使用时间越长，内部的压强就越大，比如燃烧 250 小时后，压强差不多是原来的 1000 倍。

## 3.110 "真空" 是什么？

题： 我们用最好的空气泵给一升的容器抽取空气，你知道该容器中会剩下多少空气分子吗？若每个人分得一个空气分子，那么这些够莫斯科全市一人一个吗？

**解** 没有尝试计算过的人，是不能得出压强为原来一千亿分之一的一升容器中的分子数量。那么，我们现在就动手运算下，一个标准大气压下，一立方厘米空气中的分子数量，它为：27 000 000 000 000 000 000=$27 \times 10^{18}$，而一升空气的分子数量又是它的 1000 倍，那么就相当于：$27 \times 10^{21}$，压强若是原来的一千亿倍的话，空气分子数量是：$27 \times 10^{21} \div 10^{11} = 27 \times 10^{10} = 270\ 000$ 百万，这个数字是相当惊人的，它几乎是地球人口的 40 倍！不知道你对这个真空容器中分子的化学成分感兴趣否，它是这样分布的：

| | | |
|---|---|---|
| 200 000 000 000 | 分子 | $N_2$（氮） |
| 65 000 000 000 | 分子 | $O_2$（氧） |
| 3 000 000 000 | 分子 | $Ar_2$（氩） |
| 450 000 000 | 分子 | $CO_2$（二氧化碳） |
| 3 000 000 | 分子 | $Ne_2$（氖） |
| 20 000 | 分子 | $Kr_2$（氪） |
| 3 000 | 分子 | $Xe_2$（氙） |

现在想来，原来所谓的"真空"容器，里面并不空，它还存在如此多的气体分子，而且成分复杂。假如将这些分子平均分给莫斯科的市民，那么每人将分得：5 万个 $N_2$，1.5 万个 $O_2$，700 个 $Ar_2$，$100 CO_2$ 和一个 $Ne_2$。

研究"真空"对探寻宇宙的物质结构起到十分重要的作用。宇宙空间中所谓的"真空带"所含的物质量，其实要比实验室里的"真空"里的物质密度高 100 万倍以上，例如在猎户星座星云中，其内所含物质的压强，是"真空"容器里的压强的 100 万倍。相对于庞大的星云，即便其内部很"空"，但所有物质合在一起的话，其质量远超数十万个太阳。可以这么说，在宇宙形成之初，一些庞大的天体就开始了它们的演化历程。

就算广漠的宇宙空间其实也不是真正的空无一物。英国天文学家埃丁格顿通过实验推测，每立方厘米宇宙真空中，含有 10 个氢原子。假如宇宙中有一球状天体，其半径为 10 光年的话，即使其内部处于真空状态，其所含的星际物质的质量也高达 30 个太阳的质量。进一步假设，这个天体周围还存在相邻的星体，其所含星际物质的含量也超过所能看到星体物质的 3 倍。

## 3.111 为什么有大气

**题：** 你能解释地球大气的存在吗？空气分子要么受到引力的作用，要么就不受其作用。可是如果不受引力作用，空气为什么不会逸散到地球外部的空间中去呢？如果受了引力的作用，空气怎么就不会落到地球表面上，而只会悬在空中呢？

**解** 空气分子的运动速度相当于一颗子弹的速度，然而即使是这般快，也必然受到重力的作用。由于地球引力的存在，它降低了空气分子远离地表方向的那部分速度，进而阻止了大气分子逸散到宇宙空间去，大气分子是在不断下降，可是因为它们的弹性很强，碰撞到一起，便自然而然地弹开，即使落到地表边时也会被弹到高于地表高度上。

从分子的最快运动速度可以确定出上层大气的高度，而大气分子的平均速度约等于 500m/s，某些分子可以获得更快的速度，少数分子的速度竟然可以达到 3500m/s，那么它们的运动高度是：$h = \dfrac{v^2}{2g} = \dfrac{3500^2}{2 \times 9.8} \approx 600\text{km}$，这样我们就不难看出，为什么在地表 600 千米的高空依旧有大气的存在。

一直以来，人们对这种现象都心存困惑，曾经认为，分子的运动空间是在地表和大气顶层之间，它的高度是 600 千米。可是我们都知道基本气体分子的质量是相等的，分子相撞的过程中，均会影响各自的速度，互相渗透。就算空气是由很多种不同的气体构成的，但是它们依旧可以完成渗透的使命，好像是同一种分子在整个大气层所构成的空间中自由运动。

# 3.112 没有将储罐充满的气体

**题：** 你有没有想过，储气罐中有一部分被充满了气体后，另一部分依旧是空的，不存在气体呢？

**解** 不管在什么情况下，我们习惯地认为，气体会毫不留情的占据所提供的空间的每一个角落，它不可能会出现一部分是充满气体，而另一部分是空的，这简直就是物理学上的谬论。

但是，任何一种现象的存在都有它本身的依据，我们就来探索一下其中的原因吧。假设一根延伸到地表 1000 千米高空处的水管，不管该管是封闭的还是开口的，它的内部下端 600 千米处充满气体，而几百千米的上部则没有气体。可以这么说，气体有时不会从敞开容器跑出去，如果外边是真空的话。有些特别重的气体，在极低温度下，如被注入几十米高的容器，也会发生这种现象。

# 第4章

## 热现象

# 4.113 华氏温度计的由来

**题：** 华氏温度中水的沸点为什么被标上 212 度？

**解** 1709 年冬，欧洲迎来了历史上一次罕见的寒冬。不过寒冬不能扑灭波兰物理学家华伦海特对低温的研究热情，为了找到一个恒定的低温，给自己的温度计作第一恒定温度，他已尝试了许多物质。庆幸的是，在这个寒冷的冬天里，他终于找到。通过冷却氯化铵与盐的混合物，他获得了第一个恒定温度，这个温度比寒冬的温度低多了。

相比于第一恒定温度，第二恒定温度的确定简单多了，因为科学家们早已得知人体的温度是一个常数，对于这一点，牛顿、伽利略等早已证实，华伦海特完全可以直接引用。当然，他也是这么做的，走捷径没有什么不好。不过，在当时人们普遍认为，外界空气的温度不会超过人体的体温，如果那样的话，人们就无法生存。当然，现在科学证实，这个观点完全是错误的。

有了两个不同的恒定温度，华伦海特开始划分温标。起初，他将这两个恒定温度之间的温差分成 24 段，每段一度，共 24 度。可经生活实践检测，这个标度实在太大了。于是，他便将每一度又分成了原来的 $\frac{1}{4}$，$24 \times 4 = 96$，如此一来，人体的温度被标示成 96 度，作为第二恒定温度的标度。利用这一温度标准，他测得沸水的温度为 212 度。

许多人可能会有这样的疑虑：为什么华伦海特不将沸水的温度作为恒定温度呢？华伦海特也曾考虑过，不过他的心更细，因他注意到沸水的温度极易受大气压的影响，当气压变化较大时，所测的温度会有很大差异。相比之下，人体的温度变化就小得多，用它做第二恒定温度也可靠得多。需要指出的是，用那时的方法测得的人体体温要比用现在的方法测得值（35.5℃）低。

 4.114 温度计上刻度的长度

题：水银温度计中刻度的长度是完全相同的吗？酒精温度计呢？

解 温度计是利用液体的热膨胀率来确定温度计刻度的长度的，这几乎是显而易见的事情，随着温度的升高，液体体积就会不断膨胀。不过，越接近沸点，液体的膨胀系数就越大。

依据上一点，我们就很容易得出温度计在刻度长标定上会有一定的差异。事实也是如此。当然，在日常生活中，温度变化一般在0℃到100℃之间。水银的沸点是357℃，远高于100℃，在日常温度下，水银温度计在刻度上几乎没有变化，因此它的刻度是均匀的。可酒精温度计就不同了，酒精的沸点是78℃，在日常温度范围内，随着温度升高，其体积的增幅就越来越大。经测定，如果酒精在0℃时的体积为100，那么在30℃体积变化为103，而到78℃时，体积就超过了110。正因如此，酒精温度计，随着温度越高，其刻度的间隔就越来越大。

 4.115 测量 750℃ 的温度计

题：我们能够做出一个用来测量 750℃ 的水银温度计呢？

解 我们都清楚地知道，水银的沸点是 357 ℃，而普通玻璃管在500℃ ~ 600℃ 的高温下，就会出现软化的现象。所以，我们不能用普通的水

银温度计来测量750℃的高温。那么，如何来测量750℃的高温呢?

其实，要测量这样的温度并不难，也确确实实存在测量高温的温度计。温度计的玻璃管是难以熔化的石英管，熔点高达1625℃，在管道内部的水银柱下面装着氮气。随着温度的不断升高，水银柱膨胀后会压缩气体，与此同时，气体压强的增大会使水银柱的温度上升。在高压下，水银柱的沸点会升高，在750℃的时候还是液体。不过，这种温度计的价格是很高的。

随着科技的快速发展，测量高温是不可避免的事情，对于促进科技的进步也有重要意义。例如，石油裂化的温度是450℃，如果能够降低10℃，流失的含苯富油就会减少一半；硬铝的加热技术也有着严格的要求，5℃～10℃的温度决定了是否是合格品；在合成氨的时候，需要300个大气压，这时需要用到550℃的高温，只要有1℃偏差就会功亏一篑。

# 4.116 温度计上的度数划分

**题:** 托尔斯泰是著名的学者，在翻译卡彭特的著作《现代科学》时，用下面的原因来质疑温度计装置的准确性:

温度计最上端和最下端的那一段长度的刻度表示的是不同的温度。实验证明，相等长度的刻度表示的温度和液体的体积是正比关系。也就是说，在温度计的玻璃管中，长度相同的刻度表示的温度增量是不同的。

在卡彭特看来，如果用1毫米的长度来表示单位1℃，那么，0℃时毫米水银柱所占的体积比例要大于100℃时毫米水银柱所占的体积比例（在水银柱的体积增加的条件下）。因此，批评者们得出结论，依据相同的温度间隔来划分刻度是不合理的。

这种说法正确吗？它是否会改变人们借助于液体或者气体的体积来测量温度的做法?

解 在"我们温度计的刻度是根据什么划分的"这个问题上，卡彭特和许多人争论过（其中就包括托尔斯泰，托尔斯泰最后同意了他的观点）。卡彭特认为：规定的温度增量和被测温物体的体积增量是绝对正比关系。

和这种观点不同，批评者的观点是：规定的温度增量和被测温物体的体积增量是相对正比关系。

其实，争论的焦点类似于使用英尺还是米来测量长度，在一定的条件下，这两种观点都是正确的。他们讨论的目的是，那种观点在特定的情况下更合理、更便捷。

在科学史上，著名物理学家道尔顿提出的"道尔顿温标"类似于卡彭特的观点。在这个体系下，绝对零度是不可能存在的，如果人们接受这种划分方法，整个热力学的研究与探索将会发生翻天覆地的变化。这种变革不但无法使研究简单化，而且会使对自然规律的解释变得复杂。因此，当卡彭特想要恢复"道尔顿温标"时，一定会引起强烈的反对。

19 世纪中叶，开尔文勋爵制定的"热力学温标"摆脱了某种物质的受热延展度的影响。热力学温标的零度表示的是物体内部分子热运动完全停止的时候的温度。热力学温度的划分根据的是卡诺定理：在两个一定温度的热源间工作的所有的可逆热机的热效率都是相同的。

实验证明，热力学温标测量的温度和氢气温度计、氦温度计测量的温度一致。进而证明了，温度变化系统的合理性。

## 4.117 钢筋混凝土的热膨胀率

题：不知道你注意过没有，钢筋混凝土在加热或者冷却的过程中，混凝土和钢筋不会分开，你能解释其中的原因吗？

解 混凝土和铁的热膨胀率相同，都是 0.000 012。这样一来，在加热或冷却时，它们会同时膨胀或者收缩，所以不会分开。

# 4.118 热膨胀率最大的物体

题：你能找到一种热延展性比液体还强的固体吗？如果可以，那么再找一种热延展性比气体还强的液体吧！

解 蜡是固体中热膨胀率最大的，它的膨胀率比很多液体都大。由于种类的不同，它们的热膨胀率从0.0003到0.0015，是铁的热膨胀率的25～120倍。

煤油的膨胀率是0.001，水银则是0.00018。根据这些数字，我们轻易就能得出，蜡的延展能力远远高于水银，有些种类甚至超过了煤油。

有人说，膨胀率是0.0016的乙醚，是液体中最强的，肯定能够稳坐冠军的位子。不过，有一种液体的膨胀率是乙醚的9倍，它就是20℃下的$CO_2$，膨胀系数是0.015，是气体状态时的4倍。一般情况下，液体的膨胀系数在临界温度时会高于该物质在气态时的膨胀系数。

# 4.119 热膨胀率最小的物质

题：热延展性最小的物质，你知道是什么吗？

解 答案是石英，它的热膨胀率仅仅是0.000 000 3，是铁的热膨胀率的$\frac{1}{40}$。石英的熔点是1625℃，如果我们把石英烧瓶加热到1000℃，你可以往里面放上冰块，不用担心烧瓶会损坏。

金刚石的热膨胀率是 0.000 000 8，稍微大于石英，仍然算是热膨胀率很小的物质。

在金属中，因瓦铁镍合金的钢（这个名字来源于拉丁语，含义是"不变的"）的热膨胀率最小。在这种合金中，镍的含量是 36%，碳和锰的含量都是 0.4%。铁镍合金钢的热膨胀率是 0.000 000 9，某些种类甚至可以小到 0.00 000 015，是普通钢的热膨胀率的 $\frac{1}{80}$。即使温度发生急遽的变化，这种钢的体积也不会产生明显的变化。由于因瓦铁镍合金钢的热膨胀率很小，主要用作制造精密的仪器和测量长度工具的材料。

 # 4.120 反常的热膨胀现象

**题：**什么样的固体具有热缩冷胀的现象？

**解** 只要看到热缩冷胀，我们就会想到冰，但我们不要忘记，只有液体水凝固的时候才存在这种反常现象，而冰冷却时不会膨胀，而是像普通物质一样收缩。

不过，的确存在这样的固体，在某些低温冷却时会膨胀。例如，金刚石、铜的低价氧化物、绿宝石，等等。在 −42℃时，金刚石开始膨胀。至于铜的低价氧化物和绿宝石，在 −4℃时开始膨胀。也就是说，在 −42℃ 和 −4℃的时候，相应物体的密度最大，类似于 4℃时的水。

在常温下，碘化银受冷就会膨胀。而橡胶在被用力拉动时产生了热量，不但不膨胀反而收缩。

# 4.121 铁板上的小孔

**题：** 如果我们用放大镜观察，在一个宽1米的正方形铁板上，可以看到一个 0.1 平方毫米的小孔（类似于头发丝的粗细），能否通过改变铁板温度的方法使这个小孔消失呢？

**解** 有人会认为，对铁板进行加热，使它发生膨胀反应，从而使小孔受挤压消失。可是，任何加热都不会产生这种效果。在加热过程中，铁板上的小孔不但不会缩小，反而会变得越来越大。

下面的推论也证明了这一点。如果上面的观点是正确的，那么在给没有小孔的铁板加热时，铁板受热膨胀后会挤向周边，在铁板上出现褶皱和间隙。实际上，在给物体加热时，从来不会产生褶皱或者空隙。

因此，带有小孔的铁板和普通的铁板一样，在加热时小孔会变大，而不是变小。

以此类推，我们便可以知道容器、导管，以及带有内腔的物体的热胀冷缩都是整体进行的。某一点的热膨胀率等于周边物体的热膨胀率。

既然热胀的方法行不通了，那么冷却的方法可以吗？

答案是不可以。不管物体的热延展率是多少，这个方法都不可行。大家都知道，在冷却的过程中，小孔会不断地缩小，就像普通的物质一样；但是，不管物质的体积缩小了多少，它也不会消失不见；同理，铁板上的小孔也不会因为受冷而消失。

在冷却的时候，铁板上的小孔不会产生明显的变化。铁的热膨胀率是 0.000 012，冷却能够达到的度数是 $-273℃$，也就是绝对零度。在这种情况下，铁板上小孔会缩小到原来直径的 $0.000\ 012 \times 273$ 倍，大约是千分之三。

## 4.122 热膨胀的威力

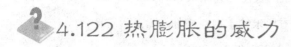

**题：** 对铁棒或者水银柱施加外力，是否可以阻止它们受热膨胀？

**解** 不管是热膨胀，还是压缩，都会产生很大的力。有人做过这样的实验：由于受冷而压在一起的磨刀石，可以折断一根手指粗的铁棒。在一部著名的短篇小说中，讲述了拿破仑一世时期，矫正巴黎手工艺术学院一面歪墙的故事，列夫·托尔斯泰曾经把小说简要地陈述在一个文学读本上。很多人都认为没有什么力量能够阻止热膨胀力，想要阻止受热的固体或者液体膨胀是不可能的事情。

其实，事实并非如此，就算热膨胀所产生的分子力非常大，但是它不可能是无限的。例如，为了使一根铁杆从 0℃升高 20℃时不膨胀，可以在一个 1 平方厘米的横截面上施加一个力用来压缩，而这个力的大小很容易便能算出来。只要我们知道该材料线性膨胀的系数，并测量出该材料的机械拉伸阻力（也叫做弹性系数和杨氏系数，例如，铁的弹性系数是 $2\,000\,000\text{N}/\text{cm}^2$，意思是对每平方厘米的铁杆施加 1N 的拉力，铁杆会增长 $\dfrac{1}{2\,000\,000}$。同理，在相同压力的作用下，也会缩短同样的长度）就可以了。这样说来，想要缩短因温度升高 20℃而产生的长度（$0.000\,012 \times 20 = 0.000\,24$，说明这个长度是原来长度的 $0.000\,24$ 倍），就需要在铁杆的横截面上施加一个力，这个力的大小是：

$$0.000\,24 \div \frac{1}{2\,000\,000} = 480\text{N}$$

也就是说，只需要 480 牛的压力，铁杆便不会膨胀了，这指的是铁受热时的平均状况。

同理，我们可以算出多大的压力才能抵消水银柱受热时产生的膨胀。还是

以 0℃升高到 20℃为例。我们都知道水银的热膨胀率是 0.000 18，施加 1N 的压力长度会减少 0.000 003 倍。

那么，温度升高 20℃时，水银的长度变为原来的 0.00018×20=0.0036 倍。为了阻止这个增长，需要对每平方厘米的水银柱施加的力是：

$$0.0036 \div 0.000\ 003 = 1200N。$$

如果温度计中充满了氮气，50～100 个工程大气压不会影响水银柱的膨胀情况。

## 4.123 水管中的小气泡

**题：** 我们都知道，水管中会产生小气泡，当温度发生变化时，气泡的大小也会发生变化。那么，你知道什么天气时气泡更大吗？热天还是冷天？

**解** 大部分人会这样回答：因为气体受热后会膨胀，所以天气热的时候，身处在水管里的小气泡就会比冷天大一些。

事实真是如此吗？我们在回答的时候千万不要忘这一点，在封闭的液体环境下，气泡受到的压力很大，不可能膨胀。在炎热的夏天，水管的每一部分都在受热膨胀：水管、液体、气泡中的气体。水管的膨胀难以发现，相比之下，液体的膨胀要明显得多，并压缩水中的气泡。

所以，在炎热的夏天，水管中的气泡要小一些。

# 4.124 空气的流动

**题：** 这是一篇关于温暖房间中气体交换的内容：

我们在房间中安装通风孔，就是为了进行气体交换。热气体会从通风口逃出，而冷空气，也就是我们所说的新鲜空气便会从门缝里渗入进来，占据热空气的位置。火炉上有一个敞开的小门，它的功能是进行良好的通风。我们都知道，柴火燃烧需要消耗空气中的氧气，所以它就像一个精灵，将房间里的空气吸入火炉中。燃烧后的空气因受热而上升，顺着烟囱飞走了，外面的空气进来占据了这部分空间。

上面对空气流动的描述正确吗？

**解** 三百年前，人们一直坚信着关于大气压的"真空恐惧"理论：自然界中的物体被分为轻物和重物，重物会往下沉，轻物则漂浮在上面。然而，事实并非如此，热空气漂浮到通风孔处，冷空气为了占据热空气的位子而跑进来。其实，热空气是被冷空气挤压上去的，而不是自己上去的。上面的说法，颠倒了原因和结果。

托里拆利用试验解释了"真空恐惧"理论，批判了轻物上升的说法。在他的《学术读书笔记》中，有这样的内容：

海洋世界中住着美丽而聪慧的海洋女神，她们打算编写一步物理教程。于是，她们创办了自己的学院，向海洋居民们讲述物理基本知识，跟我们现在的中学很相似。

这些好学而细心的女神们注意到，她们平常使用的物品可以分成两部分：一部分会下沉，另一部分则会上升。她们并没有考虑环境的影响，轻易得出了结论：土地、石头、金属等重物，都会在海洋中下沉；而空气、蜡、大部分植物等轻物，则会漂浮在海面上。

不过，女神们似乎都没有意识到自己的错误，那些我们人类看来是重物的东西，她们都毫不犹豫地划分到轻物里面去了。当然，这是可以原谅的。如果我生活在水银的海洋中，也会得出这样的结论。我的依据是：在海洋中的多年生活使我相信，除了金子，其余的任何东西都不会沉到海底，只要它们不被海底的东西绑住。同理，在蝾螈火怪（传说中的生物，生活在火里）的眼中，一切物体都是重物，就连轻得不能再轻的空气也不例外。

在亚里士多德的著作中，有过类似的定义：自然界中的重物都有向下的趋势，轻物则会出现向上的趋势。这样的结论是通过感性认识得出的，并没有深入地理性思考。

托里拆利后的几百年间，这种观念依旧存在。关于热空气上升，冷空气填充原来位置的说法，现在仍误导着许多读者。

# 4.125 木头和雪的导热率

题：木墙和雪层的厚度相同，哪一个隔冷的效果比较好？

**解** 雪的保温能力远远高于木头，因为木头的导热率是雪的2.5倍。雪的导热率很小，可以很好地保存土壤的温度，就像为土壤盖了一层厚厚的棉被。

雪松软的叠积结构决定了它的低导热率。在雪的内部，空气的比重高达90%，但空气不是位于雪粒的缝隙中，而是储藏在雪的小冰晶的内部，形成了无数的小气泡。

## 4.126 生铁器皿和铜器皿

 **题：** 我们用铜锅给食物加热快，还是用生铁锅加热快？

**解** 在单位时间内相同的温度环境下，铜片传递的热量是相同厚度的生铁片的 8 倍，所以在铜锅上加热的速度快些。

## 4.127 抹了腻子的窗框

**题：** 冬天的时候，气温很低，有些粉刷匠就会建议人们将一些腻子涂在窗框外面，再装上一个没有涂好的带有缝隙的窗框，你能说出这依据的是什么物理原理吗？

**解** 其实，粉刷匠的建议真的是好心办了坏事，不但没有什么物理原理，还带给人们一些错误的信息，从而大大降低了在窗框上涂抹腻子带来的好处。只有两层窗框间的空气完全与房间内外的空气隔绝时，才能减少房间的热损失。如若我们没有把外部的窗框封好，冷空气便会钻入框间比较温暖的区域，受热后与外部的冷空气进行空气交换，如此一来，便会影响到室内空气的温度，最终会使房间慢慢变冷。只有把窗框涂好，才能起到保温的效果。

支持装带缝外窗的人们是这样为自己辩解的：这种方法可以加快窗框间的空气流动，从而降低框间空气的湿度，能够很好地防止窗户玻璃结冰。不过，就为了这一点空气对流就破坏房间内外的热平衡是不明智的。的确，通风在一定程度上可以降低窗间水汽的密度，但这与窗户玻璃的结冰没有太大的关系。况且，空气对流会导致窗间空气变冷，还会使房间内的空气聚集在窗户玻璃上，从而导致朝着室内的这一面玻璃结冰。

## 4.128 有炉火的房间

**题：** 在温暖的房间中，我们的体温明明比周围空气的温度高，但是却依旧感觉到热，不是说热量会从高温物体传到低温物体吗？

**解** 人体表面的温度在 20℃～35℃之间（脚底的温度大约是 20℃，脸部的温度大约是 35℃），而房间里空气的温度最高是 20℃，所以空气与人体之间不能进行直接的热传递。至于我们在有炉火的房间里感觉到热，是因为身体表面的那层空气的导热能力太差，使我们体内的热量无法散出去，也就是说阻碍了我们身体的热损失。这层空气因为人体的温暖而变热，被冷空气挤压出去，新来的空气又会重复着同样的过程，而在这个过程中，人体耗费热空气的速度非常慢，所以我们才会感觉到热。

## 4.129 河底的水

**题：** 夏天河底的水温高呢？还是冬天河底的水温高？

解 有人认为河底深处的水，全年的温度是恒定的，也就是 4℃，因为水在这个温度时密度最大。对于真正的淡水池和湖泊而言，这个说法完全正确。但是，河流就不一样了，大多数人赞同这个观点：河水的温度是均匀分布的。在河水中，不仅存在着上下纵向的对流，而且存在着用肉眼难以辨别的横向对流。因此，河水的每一部分都在不停地运动，所以河底的温度和表面的温度几乎没有差别。维利卡诺夫教授在他的著作《陆地水文学》中写到："在所有的温度交换中，河水的温度交换非常迅速，很快就能够达到河底。即使是非常深的河流，用精密的温度计也无法测出不同水层之间的温度差异。"

我们这个问题的答案是：在夏天，河流底部的水温要高一些，因为夏天的温度比冬天高。

## 4.130 河水结冰

题: 在零下好几度的时候，快速流动的河水为什么依然不结冰？

解 很多人认为河水不结冰是因为有一部分水在运动，其实，水分子无时无刻不在运动，速度可以达到每秒钟几百米，即便河水从 1 ～ 2 米／秒的速度流动对它不会有什么影响。况且，不管是纵向的对流还是涡流，是无数的水分子在运动，不会影响单个水分子的运动，更不会改变水的热状况。

不过，在某种意义上来说，水的运动的确会延迟河流的结冰，但不是它自身的原因。快速流动的水不会结冰，不是因为低温无法使水分子的运动停止，而是流动使河表面的水和河底的水不停地交换，使得不同水层之间的温度相同。河水表面的温度降到零下以后，表层的水被搅拌到了底部温度比较高的水中，于是又回到了零度以上。只有底部河水的温度降到零下之后，河水才会结冰，而这一过程需要很长的时间。而且，随着河水的加深，需要的时间也会加长。

# 4.131 上层空气为什么比下层的冷？

**问题：** 高空空气的温度为什么比下面的低？

**解** 几十年前，伦敦气象学会的主席阿奇巴尔德曾经说过："为什么随着高度的增加温度反而降低？世间没有什么问题比解释这个问题更加艰难了。"现在，这个问题依然有着重要的意义，因为我们不常听到关于这个问题的正确解释。

需要强调的是，太阳光照对大气的影响是非常小的，大气的热量大部分来自于地球表面的热量传递。

几年前，我们在一本科普读物上给出了这样的答案："我们都知道，太阳是地球热量的主要来源。阳光穿过大气层的时候没有留下热量，而是落到地球表面的光线把热量传递给了土地，地表的空气因为土地的热量而变热。这就是上层空气的温度比下层空气低的原因。"

看过之后，我想到了用煤油炉烧水的情况：锅底被加热后把热量传递给了下部的水，但上部的水获得的热量和下部的水同样多，这是为什么呢？因为"对流"使得下部的水和上部的水不停地交换，从而获得的热量一样多。如果大气也在不停地流动，那么，上层空气的温度和下层空气的温度应该是一样的。然而，众所周知，上下层空气的温度却不一样，这是怎么回事呢？

在很多权威文献中，它们用一种讨巧的方式给出了这个问题的答案：空气在上升的过程中会损耗一些能量，而这些能量来自于它们储备的热量。每千克空气上升400米，差不多需要损耗400焦耳的能量，而空气的单位热容平均为1焦耳。因此，我们便可以轻易得出，上升100米，温度便会下降1℃。这种降幅与实际情况完全吻合。

尽管数据上的一致令人满意，但是上述的解释并不是很完美。因为它的依据是一种错误的假设，好像上升的空气在完成某项工作，所以消耗了能量。其实，空气类似于水面上的木塞，根本没有做多少功。

木塞从水底升到水面的这个过程中，自己不但没有做功，而且被做了功。我们也可以这样认为，空气不是自己上升的，而是被下面的空气挤上去的，依靠的是大量冷气团能量的下降。再说，难道向上运动的子弹变冷也是消耗了自身的能量吗？答案显然是否定的。子弹动能的减少和势能的增加是同步的，完全符合能量守恒定律。

下面，我们来看另一种关于高空大气变冷的错误解释：在重力的影响下，空气分子在上升的过程中会减慢自己的运动速度，而速度的减慢又恰好导致了温度的降低。著名的大科学家麦克斯韦曾经也被这个错误困扰过，后来他改正了这一点，在自己的著作《热学理论》中写到："重力并不会影响气团中的温度分布。"重力会使所有的分子产生移动，且移动情况是一样的，并不会引起分子之间相对位置的变化，只会产生平行的移动。所以气体的温度不会发生变化，因为没有破坏分子的热运动。

膨胀绝热性的概念导致了空气上升过程中的冷却。在上升的过程中，空气会变得越来越稀薄，从而使单位面积受到的压力减小，气团便会膨胀，膨胀时会消耗热能。气体在不需要借助外部能量的情况下，能够改变自身压力的性质叫做"绝热性"。

我们可以用数字来说明这种现象。假设地面处空气的温度是 $T_0$，高空 $T$ 处的空气温度是 $T_h$，两点的气压分别是 $p_0$ 和 $p_h$，那么，空气上升 $h$ 温度会降为：

$$T_0 - T_h = T_0 \left[ \left( \frac{p_0}{p_h} \right)^{1 - \frac{1}{K}} \right] - 1$$

表示的是空气的恒压比热和恒容比热的比值。对于空气来说，$K$ 的值是 1.4，所以 $1 - \frac{1}{K} = 0.29$。

下面，我们看一个具体的例子。在 5.5 千米的高空，气压是地面压力的一半，计算这里的温度。（假设空气是干燥的，不用考虑湿度）

从 $K_0 - T_h = T_0(2^{0.29} - 1) = 0.22 T_0$ 得出 $T_h = 0.78 T_0$

如果地面的温度是 17℃，也就是 290K，那么 $T_h = 0.78 \times 290 = 226K$ 也就是说，高度升高了 5.5 千米，温度降低到了 -49℃ ~ -47℃，接近于升高 100 米降低 1℃。

不过，空气无时无刻都在受到水蒸气的影响，所以实际的情况还会有变化：如果干燥空气上升 100 米会降低 1℃，那么，潮湿的空气只会降低 0.5℃。

总而言之，混合的气团和下层的空气受到的热量相同，上升的温度却不同：上升的气团因绝热膨胀的作用会冷却，下沉的气团在绝热压缩的作用下会发热。所以，上层空气的温度总是低于地面空气的温度。

需要补充说明的是：大气上下混合在一起，运动频繁的区域叫做对流层；到了十几千米以上的高空，空气的垂直对流会减缓，这个区域叫做平流层。

 ## 4.132 加热的速度

**题**：日常生活中，我们会应用煤油炉给水加热，你认为水从 10℃升到 20℃，或者从 90℃升到 100℃，哪一个需要加热的时间更长呢？

**解** 我们仔细观察一下就会发现，水温从 90℃升到 100℃需要的时间要比从 10℃升到 20℃需要的时间长，尽管因为蒸发作用会使锅里的水越来越少。真正的原因是：炉火的热量没有全部用来加热，而是被分散了。一方面用来加快水的蒸发，另一方面补充水遭受的热量损失。在 90℃到 100℃的高温时，水释放的能量更多，因此，虽然对水的加热是均匀的，但加热越猛烈，水温反而提升得越慢。

 ## 4.133 火焰的温度

**题**：你知道蜡烛火焰的温度有多高吗？

**解** 我们似乎总是习惯低估热源的温度，就好像普通的烛火。你是否会想到，烛火的温度可以高达 1600℃。

# 4.134 钉子在烛火中为什么不会熔化呢？

**题：** 把钉子放在烛火中，你会发现它几乎没有熔化的迹象，这是为什么呢？

**解** 也许你会认为火焰温度不够高。但是，刚才我们已经说过了，火焰的温度可以达到 1600℃，比铁的熔点要高 100℃，这就足以说明火焰温度已经足够高了，但钉子为什么不会熔化呢？

因为铁钉在加热的过程中会向外辐射能量。物体的温度升得越高，辐射就会越强，损失的热量也越多，当热量的补给等于消耗的时候，两者之间达到了动态平衡，温度不再继续升高。

如果我们把整个钉子放入火中，钉子的最高温度就会等于火焰的温度，钉子便会熔化了。在一般情况下，我们只是把钉子的一部分放在火里，而留在外面的那一部分会不断地释放热量。铁钉热量的收入等于支出时，具有的温度远远低于铁钉的熔点。

总之，铁钉不能在火焰中熔化的原因不是火焰的温度不够，而是火焰不能将整个铁钉包围住。

# 4.135 热量单位 "卡路里"

**题：** 在 1 个大气压下，使 1 克水从 14.5℃上升到 15.5℃所需的热量被定义为 1 卡路里，这是为什么呢？

解 在不同的温度段，水温上升一度所需要的热量是不相同的。从 0℃ 升高到 27℃，每上升一度所需要的热量是递减的；从 27℃ 开始，每上升一度所需要的热量是递增的。因此，在定义卡路里的时候，一定要指出在什么温度下，温度上升 1℃ 所需要的热量。

国际惯例对卡路里的定义是：卡路里指的是水从 14.5℃ 上升到 15.5℃ 需要的热量。为了得到这个结果，人们从 0℃ 到 100℃ 的无数个间隔中，进行了 150 多次测量，得出了平均值，然后选取了 15℃ 的热量值当作标准卡路里。从 0℃ 加热到 1℃ 需要的热量是 14.5℃ 加热到 15.5℃ 需要热量的 80%。

## 4.136 加热三种状态下的水

题：现在我们做个有趣的实验，取来重量相同的液态水、冰、水蒸气，加热使它们上升同样的度数，哪一个需要的热量少一些呢？

解 水蒸气需要的热量最少，中间的是冰，而需要热量最多的液态水。

## 4.137 加热 1 立方厘米的铜

题：给 1 立方厘米的铜加热，使它的温度上升 1℃，所需要的热量是多少呢？

解 有些人的答案是：根据铜的比热容可以得知，需要的热量大约是 0.4 焦耳。不过，这些人显然忘记了，比热容是针对质量而言的，而不是体积；也就是，比热容的对象是 1 千克，而不是 1 立方厘米。所以要使 1 立方厘米（密度是 9）的铜升高 1℃，需要的热量是 9×0.4=3.6 焦耳，而不是 0.4 焦耳。

## 4.138 比热容最大的物质

 （1）比热容最大的固体是什么？ （2）比热容最大的液体是什么？

（3）比热容最大的物质是什么？

**解** （1）锂金属是所有固体中比热容最大的物质，它的比热容是 4.35 千焦／（千克·开尔文），比冰的比热容高一倍。

（2）所有液体中比热容最大的并不是人们所熟知的水，而是液态氢，它的比热容是 26.8 千焦／（千克·开尔文）。液体氨的比热容也比水大，虽然只是大一点点。

（3）在自然界的所有物质中，比热容最大的是氢。常温常压下气态氢的比热容是 14.2 千焦／（千克·开尔文）；液态氢的比热容是 26.8 千焦／（千克·开尔文）。氦气在气态下的比热容也比水的比热容要高，它的值是 5.2 千焦／（千克·开尔文）。

## 4.139 食品的比热容

**题：** 我们在冷藏食物的时候，需要了解一个它们的比热容，你知道肉、鸡蛋、鱼、牛奶的比热容是多少吗？

**解** 我们来说一下常见食物单位质量含有的热量：

猪肉——2.9焦　　鱼——2.9焦　　鸡蛋——3.3焦　　牛奶——3.8焦

## 4.140 熔点最低的金属

题：在常压下，哪个固体金属的熔点最低？

解 在常压下，固体金属中熔点比较低的是伍德易合金，它里面含有 4% 的锡、8% 的铅、15% 的铋、4% 的镉。在 70℃的时候就会熔化。

立波维茨合金比伍德易合金的熔点还低，它与伍德易合金类似，差别在于含镉量比较低，只有 3%。在 60℃的时候就能熔化。

虽然立波维茨合金的熔点已经很低了，但有些金属的熔点更低。例如，铯的熔点是 28.5℃；镓的熔点是 30℃。也就是说，把它们含在嘴里就可以熔化。

1860 年，发现了金属铯，但直到 1882 年才发现了这种矿床。

1875 年，发现了金属镓，它是第 31 号元素，它的价值比黄金更高。现在，可以从镓矿中提炼出金属镓，使这种金属可以广泛应用在各种工业上。

开始时，镓主要是替代水银应用在温度计中，后来被用作生产半导体的材料。虽然镓的熔点只有 30℃，但它的沸点高达 2300℃。也就是说，在 30℃到 2300℃之间，镓的状态都是液态。虽然理论是可以用熔点高达 3000℃的石英制作温度计，但制作镓温度计更现实一些，而且在技术上实现了。这种温度计可以测量 1500℃的高温。

## 4.141 熔点最高的金属

题：你能够说出一些熔点很高的金属吗？

**解** 金属铂的熔点是 1800℃，早就不是最难熔的金属了。有很多金属比铂的熔点要高 500℃ ～ 1000℃，甚至更多，例如：

铱——2350℃　　锇——2700℃　　钽——2890℃　　钨——3400℃

显然，钨是已经知道的金属中熔点最高的，它主要被用来制作白炽灯的灯丝。

## 4.142 受热的钢材

**题：** 火灾中，我们都会注意到这样的情况，钢材的结构会损坏，但钢本身不会熔化，这是为什么呢？

**解** 高温下，钢条的刚性会明显下降。在 500℃ 的时候，它的刚性是 0℃ 环境下的一半，600℃时下降到了三分之一，700℃时则是七分之一（也就是说，如果 0℃时钢材的刚性是 1，那么，500℃时就是 0.45，600℃时是 0.3，700℃ 时是 0.15）。所以在火灾的过程中，钢结构由于无法承受自身的重量而倒塌，但不会熔化。

## 4.143 冰里的水瓶

**题：** （1）将一个装满水的瓶子放在冰里，它是否能够不破裂呢？

（2）将装满水的瓶子放在 0℃ 的冰里或者水里，瓶子中的水是在冰里结冰快呢？还是在水里快？

**解** （1）我们都知道，一旦瓶子里的水结成了冰，瓶壁便会因为冰的膨胀而发生崩裂。不过，在特定的条件下，瓶子中的水不会结冰，所以瓶子便不会破裂。其实，并不是温度降到了0℃以下，瓶子里的水就会结成冰，因为每克水结冰时会往外释放320焦耳左右的潜热。由于瓶子周围冰的温度也是0℃，所以水的热量无法传递给冰，因为相同温度下的物体之间无法进行热传递。也就是说，水在0℃时的热量无法传递出去，水自然就会保持液体状态，瓶子也就不会损坏了。

（2）无论是将瓶子放在0℃的冰中还是℃的水里都不会结冰。当瓶子里外的温度都是0℃时，瓶子里的水也会保持在零度，所以不会结冰。因为在温度相等的情况下，是不会发生热传递的。

 ## 4.144 冰是否能够沉到水底？

 **题：** 把冰放在纯水中，它会不会下沉呢？

**解** 冰在0℃的时候，它的密度是0.917，由于小于水的密度，所以通常漂浮在水面上。但是，如果给水加热使它的密度变小的话，冰就会下沉。100℃的时候，水的密度是0.96，在这样水中的冰块会慢慢融化，但依旧保持着漂浮的状态；在高压下把水加热到150℃，水的密度是0.917，冰会悬浮在这样的水中；到了200℃的时候，水的密度为0.86，这时水的密度小于冰的密度，冰会在这样的"热水"中下沉。

在一般的情况下，我们看到的冰是水的固态形式；在特殊的条件下（例如改变压强），所形成的冰与普通的冰不同。英国物理学家布列日曼曾经进行过这样一个实验，在3000个工程大气压的高压范围里，用同一种物体形成了六种不同的冰，标注为"冰1"、"冰2"……研究后发现：

冰1：比水轻10%～14%　　冰2：比水重22%　　冰3，比水重3%

冰4：比水重12%　　　　　冰5：比水重8%　　　冰6：比水重12%

也就是说，这六种由水变成的冰，只有一种冰的密度小于水的密度，其余

的密度全部大于水的密度。2、4、6号冰比重水的密度（1.11）还要大，所以在重水中也会沉在底部。

## 4.145 管道水的结冰

**题：** 不知道你注意观察过没有，地下管道里的水在寒冷的冬天不会结冰，但是到了解冻的时候会出现奇异的结冰现象，这是为什么呢？

**解** 对于这个问题，很多人会想到土壤的热传导率很低，热量在土地中传递会比在地表中缓慢得多，而且深度越深，传递就越缓慢。因此，在寒冷的冬天，深层土壤中水管的温度还没来得及降到零度以下，这里的水当然就不会结冰，而到了解冻的时候，寒冷的余波才缓缓传递到地下。地表空气的温度升高了，地下的温度却达到了最低，所以管道才会被冻住。

## 4.146 冰到底有多滑

**题：** 人可以在冰上自由地滑行，对这个现象的解释是：冰受到的压力很大时，熔点就会降低。我们知道，要想使冰的熔点降低1℃，需要对它施加130牛的力。所以，为了能够在冰上滑行，在 −5℃的时候，滑冰者需要在冰上施加 130×5=650 牛的压力。不过，冰刀和冰面的接触面积仅仅是几平方厘米，滑冰者落在每平方厘米上的重量只有十几千克。因此，这种压力绝对不可能使冰的熔点降低5℃。

那么，我们又该怎么解释人能够在 −5℃甚至是更低的温度中滑冰呢？

> **解** 理论计算和实际现象不符的原因在于，冰鞋的刀刃和冰面接触的面积远远没有那么大。实际上，冰刀与冰接触的面积仅仅是几个突出的点，而不是冰刀的全部面积，接触点的总面积绝不会超过 0.1 平方厘米，也就是 10 平方毫米。在这种情况下，我们假设滑冰者的体重是 60 千克，他对冰面的压力大约是 $60 \div 0.1 = 600$ 千克／平方厘米，这远远超过了理论上融化冰面的要求。

同理，当雪橇拉着 0.5 吨的行李在雪地上滑行时，雪橇和地面的接触面积小于 5 平方厘米，产生的压强大于 1000 个工程大气压。

如果天气非常寒冷，冰鞋的压力可能无法使冰面融化，这时滑冰或者坐雪橇就会难以行进。

 ## 4.147 降低冰的熔点

 **题：** 你知道高压可以使冰的熔点降低到什么程度吗？

> **解** 每增加一个大气压，冰的熔点便会降低 $\frac{1}{130}$℃。不过，我们不要以为只要压力足够大，冰就可以在极低的温度下融化。虽然冰的熔点会随着压力的增高而降低，但是有一个限度：冰的最低熔点是 −22℃，这是 2000 个工程大气压才可以实现的。

由此可知，在低于 −22℃ 的温度中滑冰是相当困难的事情。因为在这样的条件下，即使压力高于 2200 个工程大气压，冰不但不会融化，反而比平时更结实了。因此，冰刀的刀刃带来的较大压强无法使人在冰面上顺利滑行。

 ## 4.148 干冰

 **题：** 你知道什么是"干冰"吗？人们为什么这样称呼它呢？

**解** "干冰"指的是固态的二氧化碳。如果把液态的二氧化碳装在一个有70个工程大气压的密闭瓶子中，放走蒸发的部分气体，剩下的就是凝结成的松软的雪状物。

雪状物压缩后会形成像冰块一样的固体物质，这就是"干冰"。干冰有一个独特的特性，加热后它不会成为液态的二氧化碳，而是直接升华成气态的二氧化碳。因此，它可以制造成冷凝剂，用来冷藏物品；它不会使物品受潮，"干冰"的名字也来源于此（参看图4-2）。

干冰的另一个优点是制冷效果好，几乎是冰的15倍。

同时，干冰的蒸发速度非常慢：带有干冰的运输水果的车厢，可以在路上保存10天左右。

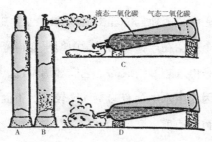

图4-1 A：在密闭的罐子中装着液态二氧化碳，液体下侧是气态二氧化碳；B：打开罐子的阀门，压力降低后液体沸腾起来；C：罐子倾斜后，把液态的二氧化碳倒入连接着阀门的袋子中；D：二氧化碳的冷凝蒸汽填充了袋子，进而里面会剩下了固态的二氧化碳

图4-2 疏松的雪状物质，压缩后会变成"干冰"

# 4.149 水蒸气的颜色

 **题：** 你知道水蒸气是什么颜色的吗？

 **解** 很多人都以为水蒸气是白色的，但实际上水蒸气是无色透明的。其实，

人们平时看到的白雾并不是物理意义上的水蒸气，而是呈现雾状的小水滴。同样，云也不是水蒸气凝集成的，而是无数小水滴的集合体。

## 4.150 水的沸腾

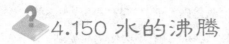 将生水和开水放在同一种环境中，哪一个沸腾得更快一些？

 大部分人认为，开水会先沸腾。他们的理由是：开水已经沸腾过了，再次沸腾更容易一些。不过，这个理由在严谨的物理学中似乎变得毫无意义。从某种程度上来说，世界上的水是由气态凝结成的，它们都沸腾过。

其实，生水沸腾得比较快，因为生水中含有的空气比较多。下面，我们来解释一下为什么空气可以加快沸腾的速度。

沸腾与蒸发作用的区别就在于，对液体进行加热的时候，沸腾会产生气泡。前提条件是蒸汽压不小于表面的大气压。100℃的时候，水蒸气是饱和的，蒸气压等于大气压。不过，这指的是水平面空间上的饱和蒸汽，而水内部气泡中的饱和蒸汽压小于水平面相同温度下的大气压。而且，液体凹表面会产生附加压，将跑出来的蒸汽分子"压回"水中去。那么，如果每秒钟被压回的分子数和获得"自由"的分子数一样，气泡内部获得"自由"的蒸汽分子数非常有限。饱和的含义是：在一定的温度条件下，一定空间内含有的蒸汽分子的最大数量。现在，我们清楚地知道，内部气泡的最大压强小于水表面的压强。水面的凹度越大，气泡的半径就越小，蒸汽的最大压强也越小。例如，在100℃的时候，半径是0.01微米的气泡中饱和蒸汽的压强是705毫米的水银柱，而不是760毫米。

这样我们便知道了，水的沸腾温度并不是理论上所说的100℃，而是更高的温度。也就是说，当水蒸气产生了更高的压强，与大气压相等的时候，水才

会沸腾。已经沸腾过的水，里面已经没有空气了，它的沸腾会慢一些；一旦沸腾起来，就会进行得相当激烈，大量的蒸汽的析出，导致汽化中消耗的热量急剧上升，从而使水快速达到沸腾的标准温度100℃。

至于含有大量空气的生水就不会出现这种情况。随着温度的升高和饱和度的降低，水中溶解的气体逐渐减少，过剩的气体会以气泡的形式离开。在给生水加热的时候，最先出现的气泡是空气，然后水蒸气分子才会从内部涌出来，获得向往已久的"自由"。在最细小的气泡中，饱和蒸汽压非常低，这使得首先出现的蒸汽气泡要克服重重困难。当这段难以产生气泡的时间过去以后，在气泡里面形成蒸汽就会变得容易多了，气泡也会快速冒出来。所以含有很多空气的生水要比沸腾过的水先沸腾。

麦克斯韦根据水里能分离出空气的原理，在标准大气压下把水加热到了180℃。利用更加精确的分离空气的方法，可以将水加热到更高的温度，使水的状态依然是液体。物理学家格劳夫曾经说过："没有任何人见到过完全不含空气的水进行的'纯净沸腾'"。

## 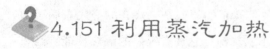 4.151 利用蒸汽加热

问题：100℃的水蒸气能不能把水加热到沸腾状态呢？

 解　要知道，只有在水的温度低于100℃的时候，100℃的水蒸气才会把热量传递给水。当水的温度等于水蒸气的温度时，热的传递就会停止。因此，100℃的水蒸气可以把水加热到100℃，但这些热量无法使水气化，所以水不会沸腾。

总之，100℃的水蒸气可以使水具备沸腾的温度，但是无法使水气化，它依然是液体的状态。

# 4.152 手中沸腾的茶壶

**题：** 刚刚从火上拿下来的装有沸腾的水的茶壶可以直接放在手中，却不会灼伤手掌，等过了几秒钟之后，才会感觉到灼热，这是为什么呢？

**解** 这个现象的确是事实，但是对它的解释通常不正确。有人认为，尽管茶壶中的水已经沸腾，但是其产生的热量还不能被手感觉到，那是因为热量在壶底和壶壁上传导交换的相互影响，消耗了热量，降低了壶底的温度。当沸腾停止之后，壶内的热传递也随之停止，于是手就感觉到了炙热。

其实，这种解释是错误的。这些并不能说明为什么手触摸到壶底没事，而摸到茶壶的侧壁便会被烫伤。何况壶底因为汽化作用，它的温度怎么可能比壶内的水温还低呢？要知道，壶里的水此时的温度大约是 100℃，完全能够将手灼伤。

真正的原因是刚烧开的壶底布满了微小的气泡，它具有很好的隔热性能。当我们用手托住壶底的时候，由于壶底铝的热容量较小，能够很快和手的温度平衡，而壶中的水的热量被气泡隔绝，难以传递到手上。等到壶底的温度降低之后，不再产生气泡，热量就会传递到手上，我们就会感觉到灼热。

需要注意的是，只有壶底光滑的条件下可以进行这样的实验，肮脏或者粗糙的金属底不会出现这种现象。

图 4-3 把手放在沸腾的壶底，手掌不会被灼伤

## 4.153 煮和炸

题：很多人都知道，炸的食物要比煮出来的好吃，这是为什么呢？

解 这绝不是个人口感的问题，更不是油炸的食物添加了更多的油，而是因为烹饪的物理过程有区别。油和水在超过各自的沸点时就会沸腾，水的沸点是100℃，而油的沸点高达200℃（主妇们都知道被灼热的油烫伤比被沸水烫伤严重得多）。

因此，油炸比水煮的温度高得多，而高温会使食物中的有机物变得可口，所以人们才会更钟爱油炸的食品。

## 4.154 手中的热鸡蛋

题：刚从沸水里拿出来的煮鸡蛋，为什么不会烫伤手呢？

解 我们把刚煮好的鸡蛋从沸水中取出来，鸡蛋的表面上又湿又热，水分蒸发的时候带走了大量的热量，降低了鸡蛋表面的温度，所以手不会感觉到灼热。不过，这是鸡蛋表面没有干的那一瞬间，等一会儿鸡蛋就会变得灼热无比。

图4-4 沸水中取出的鸡蛋不会烫伤手

## 4.155 温度计和风

 题：在寒冷的冬天，呼啸的北风会对温度计产生什么影响呢？

解 虽然看起来风可以降低温度计的温度，实际上，在温度计干燥的情况下，风对它不会产生任何影响。在思考这个问题的时候，我们不能将风对动物有机体的影响和对自然仪器的影响混为一谈。相对于无风的天气而言，大风使寒冷更快地进入我们的身体。因为风加快了我们身体表层的温暖气体的扩散速度，湿气随之流逝，寒冷的气体取而代之，我们便会感觉到寒冷。

但是，温度计和人体不同，风力的大小对它没有影响。

## 4.156 冷墙定律

 题：你是否听说过"冷墙定律"？知道它的具体含义吗？

解 这是一个非常古老的说法，现在很少有人知道了。

我们准备 A 和 B 两个烧瓶（图 4-5）：烧瓶 A 里面装的是 100℃的水，烧瓶 B 里面装的是 0℃的水。开始时，两个烧瓶暂没有被连通起来，所以内部的气压不同：烧瓶 A 中的气压是 760 毫米的水银柱，烧瓶 B 管中的是 4.6 毫米的水银柱。当我们把开关 C 打开后，烧瓶 A 中的蒸汽会进入烧瓶 B 中，马上变成了水，所以烧瓶 A 中的气压不会大于烧瓶 B 的气压。烧瓶 A 中

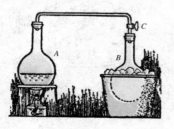

图 4-5 解释"冷墙定律"的实验

的蒸汽进入烧瓶 B 的过程中，烧瓶 B 中的气压不会增大。

这个现象可以这样描述：

> "用连接的方法，将两个装有不同温度液体的容器，巧妙的连接在一起，它们的内部气压会趋向相同，等于温度较低的气体的最大压力。"

这就是"冷墙定律"，不但在读者中流传广泛，还成为冷凝器的雏形。下面，我们来做另一个实验。用玻璃导管将两个空心的玻璃球连接起来（图 4-6），玻璃导管的内部填满了水与水蒸气的混合物，里面的空气被抽干净了。混合物中的水会进入上方的玻璃球中，把下方的玻璃球浸入装满冷凝物的烧杯中。根据"冷墙定律"可知，上方的玻璃球会被下方的玻璃球产生压力。随着压力的不断减小，上方玻璃球中的水开始沸腾，水蒸气随之进入下方的玻璃球中；沸腾会产生巨大的能量，而上方玻璃球中的水的汽化作用会消耗能量，所以沸腾逐渐冷却下来，虽然没有接触烧杯中的冷凝物。

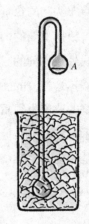

图 4-6 冷凝器：当下方的玻璃球冷却时，上方玻璃球的水就会凝固

#  4.157 木柴的燃烧值

**题：** 我们不妨猜想一下，燃烧 1 千克的白桦树皮或者 1 千克的干燥树皮，哪一个产生的热量比较多呢？

**解** 大多数人认为，山杨树的燃烧值要比白桦树的燃烧值少很多。如果体积相等，这种说法就是正确的，白桦树放出的能量比较多。但是，物理学家和

155

技术工人在计算燃烧值的时候依据的不是体积,而是质量。白桦树的密度是山杨树的 1.5 倍,所以它们的燃烧值其实是相等的。而且,不管是什么木材,燃烧每千克原木所产生的热量是相同的(木材中的水分比一样)。

因此,我们说白桦木的燃烧值大于山杨木的燃烧值,比较的是不同质量的燃烧物。

有趣的是,木材的密度决定了木材的价格。也就是说,无论买何种木材,每卢布买到的热量完全相同。

根据上面的内容我们可以得知,不同种类的相同质量的木材在燃烧时释放的热量是相同的,就这方面而言,各种木材是等价的。不过,在现实生活中,它们不是等价的。例如,对于蒸汽锅炉而言,燃烧放出的热量仅仅是一个方面,燃烧的速度也很重要;在玻璃加工厂中,使用的是燃烧速度比较快的白杨树和松木,相对于其他的木材来说,这两种木材更实惠;在室内取暖的时候,选用的是密度大、燃烧缓慢的木柴,这样比较实用。

##  4.158 火药与煤油的燃烧值

题:1 千克的火药和 1 千克的煤油被点燃后,哪一个产生的热量比较多呢?

**解** 人们有一种错误的观点:物质爆炸的强烈作用在于内部巨大能量的释放。其实,很多物体爆炸时看似能量很高的热释放,远远比不上生活中普通燃料释放的热量。例如,燃烧 1 千克不同火药释放的热量是:

| 黑烟火药 | 3 000 千焦 | 无烟火药 | 4 000 千焦 |

无烟硝化甘油　5 000 ~ 6 000 千焦

我们再来看一下燃烧 1 千克的普通燃料放出的热量:

| 煤油 | 45 000 千焦 | 石油 | 44 000 千焦 |
| 煤 | 30 000 千焦 | 干柴 | 13 000 千焦 |

当然,我们不能直接比较这两组数据,还应该计算物体爆炸时消耗的氧气。

一般情况下，物体燃烧消耗的氧气的质量，同样要被计算到可燃物的总质量中去。要知道，在很多时候这个附加的质量是物体本身质量的 2 ~ 3 倍。例如，燃烧 1 千克的煤会消耗 2.2 千克氧气（这只是理论值，实际上要大于这个数字），燃烧 1 千克的石油会消耗 2.8 千克的氧气。

根据修正过的燃料释放的热量值可知，它依然大于物体爆炸时释放的热量。煤的燃烧值是火药的 3 倍，所以在生活中，如果我们选择用火药来取暖的话，真的是太不合算了。

这时，我们会产生这样的疑问：如果物体爆炸时放出的能量很少，它怎么会有那么大的破坏力呢？答案很简单，这是燃烧速度决定的。也就是说，爆炸是在极短的时间内把比较少的能量释放出来。爆炸时，在很小的空间内形成了非常强大的气流，能够带给炮弹 4 000 个大气压的推动力。如果火药的燃烧非常缓慢，炮弹还没有滑出炮膛，燃料就被耗尽了；如果不能快速形成气流，炮弹受到的压力就比较小，速度就会比较低。其实，火药的燃烧是在瞬间完成的，这个时间还不到百分之一秒，形成的气流具有极大的冲击力。

##  4.159 火柴燃烧的热量

**题：** 你知道火柴燃烧的功率是多少吗？

**解** 这听起来像是一个笑话，却是物理领域的重要问题。燃烧一根火柴能够释放多少热量呢？也可以说，火柴的功率是多少呢？

生活中，人们总是认为火柴释放的能量非常微弱，事实绝非如此。下面，我们就来计算一下火柴的能量。一根火柴的重量大约是 100 毫克，也就是 0.1 克（这个数值可以用灵敏的秤测量出来。如果没有灵敏的秤，可以先测量出火柴的体积，然后乘以火柴的密度 0.5g/cm³），制造火柴棒的 1 克原木燃烧释放的能量大约是 12 500 焦耳，所以燃烧一根火柴释放的能量是 1250 焦耳。一根火柴燃烧的时间大约是 20 秒，那么，每秒钟释放的能量是 $1250 \div 20 \approx 63$ 焦耳。也就是说，火柴燃烧的功率大约是 63 瓦特，超过了 50 瓦特的一般电灯泡。

同理，我们还可以算出一支烟的功率大约是 20 瓦特。

#  4.160 用熨斗清除油污

**题：** 熨斗不但能熨平衣服，还能清除衣服上的油污，你知道这是什么原因吗？

**解** 熨斗能够清除衣服上的油污，那是因为随着温度的升高，液体的表面张力会减小。

麦克斯韦在他的著作《热学原理》中说："如果油污附近的温度不同，它就会从高温的地方滑向低温的地方。衣服的一面贴着滚烫的熨斗，另一面贴着白纸，衣服上的油污就会跑到白纸上去。"

因此，必须把吸收油污的材料放在熨斗的另一面。

#  4.161 食盐的溶解率

**题：** 有两种水，一种 40℃，另一种是 70℃，在哪个水中食盐的溶解率大一些呢？

**解** 很多固体物质在水中的溶解率会随着水温的升高而增大。例如，糖在 0℃ 的水中的溶解率是 64%，在 100℃ 的水中的溶解率是 83%。

不过，食盐不属于这类物质，它在水中的溶解率和温度没有关系。在 0℃ 的时候，食盐在水中的溶解率是 26%，100℃ 的时候是 28%，40℃ 和 70℃ 的时候一样，都是 27%。

第**5**章

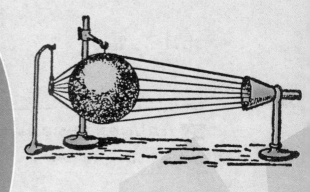

声与光

# 5.162 雷声

**题：** 打雷与闪电对于我们来说是很熟悉的自然界现象，那么能根据雷电的强弱，推测它们离你有多远吗？

**解** 在解答这一问题前，我们需要明白一件事，那就是雷声与我们平常听到的声波不同，它是一种爆炸波，振幅极大。与普通声波相比，它最大的区别在于，它是在振动的末期才将巨大的能量转化为声波释放出去的。在这种声波的扩散初期，其速度远高于一般声波，但持续的时间较短，随着爆炸波能量降低，它的波速也随之急剧下降。通过在导管中测试的爆炸波传播速度，科学家们得知，爆炸波的初始速度达 12 ~ 14 千米／秒，几乎是声速的 40 倍。

有的时候，几乎在闪电的同时，我们耳边会听到排山倒海般的炸雷声。这种如同剧烈爆炸声的雷声，就是因为爆炸波产生的。因离我们太近，它的声波没来得及转化成普通声波就传到了我们耳朵。听到炸雷声后，暴风雨顷刻之间就会来了。

还有一种雷声是在闪电过后几秒钟，才从远方传过来，伴着忽强忽弱如同车轮滚滚声的闷雷。如果你仅仅根据闷雷和闪电之间相隔的秒数，来推测暴风雨离你有多远（音速乘以雷声与闪电的时间差），那你就大错特错了。因为雷声并不是按照音速来传播的，而是在初始阶段快于音速，直到传播末期才转化为普通声波。

值得提醒的是，利用声波完全可以测量大炮的距离。炮弹发射时，其产生的爆炸波在炮弹离开炮膛 2 米后，就全部转化为了普通声波，因此我们可根据看到炮火与听到炮声的时间差，来测量大炮的距离。

## 5.163 风与声音

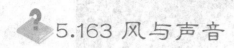
题：风可以使声音听起来更响，为什么呢？

解 拉库尔和阿佩里曾经在《物理学起源》中，有过这样的见解：

我们知道，风往哪个方向吹，声音就往哪个方向传播得更顺利。对于这种现象，我们给予的解释就是，风速加快了声音的速度。很简单，简单到我们觉得还不够详细的地步，所以我们便来探索，这时我们会发现，气团运动达到10米/秒就已经变成很大的风了，不过无论它的速度与声速的传播方向相同还是相反，声音的速度只会增加或减小10米/秒，最终速度不过是340米/秒，或者是320米/秒而已，与声速330米/秒相比，几乎没有什么差别。

英国物理学家约翰·金塔尔，用下面的方式成功地解释了这一现象：

接近地面的风速一般都会小于高空中的风速，而声波在无风的情况下，是向四周传播的（图5-1所示的虚线圈）。但受地面的影响，其声波在垂直方向的衰减要比水平线上慢一些，其变化如图5-1所示的实线。

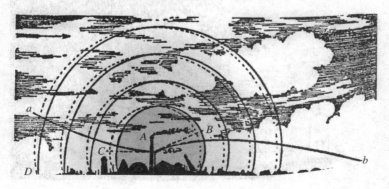

图 5-1 风如何改变声场的方向

图 5-2 顺风的声波是如何变化的

我们再来看风是如何影响声音的。声波从 *A* 点传出，受逆风的影响，其方向并不是直线传播，而是会沿着垂直于声波曲线面而弯曲。从图中可看出，沿 *AC* 方向传播的声波，并没有达到在 *D* 点，而是偏向了 *Aa* 的方向，因而 *D* 点的观察者听不到。而沿着 *AB* 方向传播的声音，情况恰恰相反，受风向的影响，原本传到 *B* 点的声波偏向了 *b* 点，传到 *b* 点观察者耳中。从图中可推知，所有低于 *AB* 角度的声波，都会偏转到 *Ab* 之间。这一部分的地面就能比无风时接受到更多声波，自然听起来要响一些。

从上述分析可知，风影响不仅仅是声波速度的大小，更重要的是改变了声波的传播方向。

图 5-3 逆风的声波又是如何变化的

 5.164 声波的压力

题：声浪压迫鼓膜能产生多大的力量？

解 我们耳朵能听到的最低声音的压强大约是 0.05 帕斯卡，这也叫听阈。外界的声音可千百倍增加压强，但它所传声波的压强变化不大。经测算，即便最喧嚷的城市街头，我们耳朵的鼓膜接收声强也不过是 1 ～ 2 帕斯卡，相当于 $\frac{1}{100\,000}$ 到 $\frac{1}{50000}$ 个大气压。

下面是一些工厂生产车间里的噪声所产生的压强：

冷凝车间——2.6 帕斯卡

锻造车间——1.9 帕斯卡

轧钢车间——1.85 帕斯卡

锅炉车间——1.7 帕斯卡

铁丝螺钉车间——1.5 帕斯卡

自动六角车床车间——1.35 帕斯卡

白铁车间——0.8 帕斯卡

斩截车间——0.75 帕斯卡

抛光车间——0.7 帕斯卡

如果外界声波的声强达到位了大气压的 $\frac{1}{4}$，就会震破我们的耳鼓膜。一般工业生产过程中，所产生的对人耳有害的噪音在 0.3 帕斯卡以上。

## 5.165 木门为什么可以挡住声音?

**题:** 通过木头传播声音要比通过空气来传播速度更快一些。如果你不认同这种说话,可以自己做个实验:把耳朵紧贴着一根圆木的一端,用手轻敲圆木的另一端,立刻就能清楚地听到敲击的声音。这种观点是完全正确的,可到了现实生活中却发生了变化,为什么隔壁房间的人谈话,把木门关上,就几乎听不到谈话声了呢?

**解** 因为声音通过木头传播的速度比通过空气传播的更快,所以声音被木门截断的现象的确很奇怪,声波一开始在空气中传播,转而通过木头传播时,就会向远离法线的一侧发生折射,所以,这时声音就出现了"临界角",我们根据最大折射率定律便可以知道,这个临界角非常小,那么只有极少的一部分落在木头表面的声波可以穿过木头,大部分声波又被反射到空气里去,现在你知道为什么木门可以隔音了吧?

## 5.166 声音折射镜

**题:** 经常听到折射镜这个词语,那么声音是不是也有折射镜呢?

**解** 其实,完全可以自己动手制造一个声音折射镜,可以用导线,编成一个网格的半球体,里面细心地装满起到延迟声波作用的细毛,凹透镜可以对光起到凝聚作用,这与半球体对声音起到的作用是相似的,如(图5-4)所示,我们可以看到在透镜的前面,安放了一块厚纸板,是用于促进声音折射的,声音穿过厚纸板和透视镜后聚焦到 $F$ 点上，$S$ 点放一支哨子等声源，把声敏装置安放在 $F$ 点。

当然，并不是只有这种方法，还有人用气球做了一种声音的透视镜。他这样描写道：

我们把气球充足了气，用它可以做一个透镜。我们都知道气球壁的制作材料是某种胶状体，它很薄，里面充满了二氧化碳，所以可以感知到任何细微的碰撞，里面的气体就会互相碰撞。然后我把一个小钟放在了距离气球不远的地方，再在耳朵上罩一个玻璃罩的喇叭口，把耳朵置于距离它 1.5 米的地方（图 5–5）。

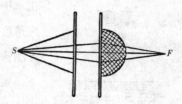

图 5–4 细毛做成的声音透镜

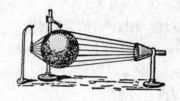

图 5–5 气球制成的声音透镜

我们慢慢移向各个方向，很快就能知道钟滴答声是在哪个方向突然变大的，这个地方就是声音的"焦点"，如果把耳朵移向其他方向，声音会慢慢变弱，如果耳朵不移动位置，只移动气球的位置，那么声音同样会变弱。再把气球移动回原先的位置时，声音的强度又恢复了，这就是透镜的神奇作用了，是它让我们清楚地听到钟的声音，而且，如果我的耳朵没有被玻璃罩罩住，也是无法听到滴答声的。

## 5.167 声音在水中的折射

**题：** 声音从空气中进入水里时，声音会产生怎样的折射？离法线会更近还是更远？会发生折射还是反射呢？

**解** 这个问题，如果你是依靠光线折射定律来推测回答的话，那么就走上了一条完全错误的路。我们都知道，光在空气中传播速度非常快，但它在水中的传播速度相对较慢，而声音在空气和水中的传播速度则与光的情况相反，它

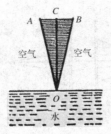

图 5-6 声音在水中的折射

在水中的传播速度比在空气中要快，几乎是空气中传播速度的 4 倍，所以声音从空气进入水中后，会向远离法线的一侧发生折射，进入水中的声音便会存在一个为 13° 的"临界角"，这个结果是由折射率的最大值为声音在两种介质中传播的速度比得出的。如图 5-6 所示，声音进入水中的区域就是图中锥形体 *AOB* 内的区域，根据声音的全反射原理，锥体 *AOB* 以外的声音就会从水面被反射回去。

 ## 5.168 壳状物发出的声响

**题：** 不知道你有没有尝试过，将贝壳或者碗放在耳边，我们都能听到里面所发出的巨大声响，这是为什么呢？

**解** 会出现这样的现象，是因为壳状物可以把周围各种平时我们听不到或者不在意的声音聚合到一起，形成一个共鸣腔，这些声音聚拢在一起形成像海浪一样汹涌的声音，因此人们依靠自己丰富的想象力，说出各种各样的传说故事。

 ## 5.169 共振器与音叉

**题：** 将一个音叉放进共振器里，它的声音会增大，为什么会有多余的声音呢？它们是从哪里来的？

解 音叉在共振器里，声音会增强，但是维系的时间会变短，根据能量守恒定律，我们便会明白，音叉和共振器发声的能量应该遵循守恒定律，共振器并没有获得多余的能量。

## 5.170 声波去哪儿了？

题：声音会越来越小，那么这些声音究竟去哪儿了？

解 声波的能量在声音减小的时候就会变成空气分子的热运动和墙壁的震动。我们可以实验一下，如果一个房间里的空气不会发生内部摩擦，而墙壁也具有足够的弹性，那么房间里面的声音永远不会停止，而声波在普通房间里会在墙壁间反射 200 ～ 300 次，反射一次，它的能量就会损失一部分，最终会被墙壁所吸收掉，化成十分微小的热量，增加在墙壁身上。这热量很弱，一位歌唱家一刻不停地歌唱一昼夜才能传递 1 焦耳，对于这种微小热量，诺尔顿教授在他的著作《物理学》中是这样描述的："大概 1 万个人用尽全力地呼喊得到的热量，才刚刚能稍微点亮一盏电灯。这股热量能持续多久，这盏灯的光亮就能持续多久。"

还有这样一个问题很难回答："光波到底去哪儿了？"尤其是看到夜空中的满天星光时。

## 5.171 你能看见光线吗？

题：想一想，你能否看见光线？

解 面对这个问题，包括知识非常渊博的人在内的很多人都会非常明确地告诉你，当然能够看见光线，但事实真的如此吗？答案恰恰是相反的，其实我们从来没有看过光线，而且也不可能看到，这样的答案一定令这些人感到惊奇万分。我们以前看到的不过是被光线照亮的物体，却以为自己看到的是光线。光是个很奇妙的东西，它可以照亮其他的物体，却让人无法看到它。对于这一神奇的现象，约翰·赫歇耳这样指出：

"光，是视觉形成的原因，但自己却是不可见的，就好像透过墙上的小孔看到而折射到黑暗房间里面的光线，或者火烧云边的光带，又或者穿透乌云缝隙的太阳光，我们看到了它们，都认为自己就是看到了光，其实这些都不是光本身，只是光打在无数尘埃和雾滴上反射出来的效果。

因为反射了太阳的光，我们才看到了月亮，如没有反射阳光的物体的地方，我们就什么都看不到了，我们坚信，月亮是按它运行的轨迹运动到我们可以看到的地方，这样我们就一定能够看到它，如果我们在天空中月球没被地球挡住太阳光的位置上看事物，就能看到太阳，也就是说太阳光存在于任何一个地方，不过它是客体，所以我们是看不到它们的。它存在的形式是过程形式，这相对于太阳、星星都是一样的。所以当我们望着漆黑的夜空，明明知道这个空间中充满了交错复杂的光线，但是我们依旧身处在一个除了我们沿着视线看到的星星、月亮之外，什么都无法看到的漆黑中。"

当然，对于这种观点，也有不少人持反对意见，他们认为，我们可以看到星星的光芒，光聚成一条条光线反射到我们的眼睛里，使我们能够看到发光体。但是，这只是一种假象。

星光进入我们眼中的现象不过是眼睛晶状体结构折射光线的结果，达芬·奇这样认为，如果我们看星星时，是透过一个针尖大小的小孔去看的话，那么你只会看到一些明亮的灰尘，根本就不会看到星光，因为这时细微的光束和辐射结构无法穿过晶状体的中心部分进入我们的眼睛，而那些在眼前交错迷蒙的光线，只不过是光透过眼睫毛所衍射的结果罢了。

# 5.172 日出

**题：**（1）太阳光到达地球需要运行 8 分钟的时间，并不是我们一直所认为的瞬间就到达了，那么你知道这种反应在日出的一刻是如何表现出来的吗？试着对下面两种情况进行分析：（a) 太阳没有动，地球在公转。（b）24 小时中，太阳始终在围绕着不动的地球在转动。

（2）你知道我们的眼睛和光学仪器，在光传播的瞬间又会发生什么样的变化呢？

**解**（1）有这样一种说法，几乎被所有人认同，包括著名的科学家在内的很多人，它们考虑到光传播需要的时间，认为我们观察到的日出，实际上比现在早 8 分钟。以此类推，如果他们回答的是距离我们十光年的天狼星升起的问题，并不是日出的问题，那么他们又该如何回答呢？按照上述理论，我们是不是应该也认为，天狼星每天升起的时间应该比我们看到的早上十年呢？

我们都必须承认，光的瞬间传播并不会使任何天体在天空中出现的时间发生改变，地球自转到了太阳光笼罩区域时，我们就能看到日出，这时，光线在 8 分钟之前离开太阳进入了我们的眼睛。这与我们等待 8 分钟，静候光线跨过太阳与地球之间的距离，是完全两种意义上的事情。正确的说法是，光线传播的过程中，太阳并不是在 8 分钟前升起的，它升起的时间应该是在我们看到它的那一刻。

地球环绕相对静止的太阳转动，这是我们研究问题所依据的基础，如果假设情况相反：24 小时中，太阳都在围绕着静止的地球转动，这样得出的结论会产生变化吗？如果会有什么样的变化呢？

在回答这个问题的时候，我们千万不能走进一个误区，这个理论误区就是用地心说代替日心说。我们可以先完整明确地想象这一场景，这样可以避免误入歧途，也必需考虑到，光是顺次运动还是瞬间完成传播？除了地球或者行星的阴影区域外的整个宇宙空间，是否在十亿年的时间过程中，被太阳光完全普照。就地球表面的某点来说，太阳会在地球阴影边缘，被我们所看到的那一刻升起来。地球运动时，这点在向阴影移动；地球静止时，阴影向这点移动。也就是说，地球阴影与地球表面的观察点彼此靠拢的相对速度是完全相同的，无论怎样，我们都是在同一刻看到日出的。

所以，即使地球是静止的，这一问题的结论也是不变的。

太阳在日出时一瞬间放出光芒，这个太阳与我们观察到的太阳并非同一个，它从地平线上升起，当时的样子却是 8 分钟前的样子。

（2）在空旷的空间中或者某种物质环境中，如果光单纯地瞬间传播的话，就不会产生折射了。光从一种介质进入另一种介质时会发生折射现象，它的传播速度也会改变；如果速度根本没有改变的话，那么就说明根本没有发生折射现象。也就是说，如果光线在眼睛或者玻璃光学仪器里没有发生折射，视网膜上就不会出现外界物体的清晰镜像，这是无需争辩的事实。

光学仪器，例如折射望远镜发挥作用的原理，是由于一个微小的孔洞代替了内部目镜，它不会将影像扩大多少，但却能使肉眼可以看到物体的轮廓，不依靠它的帮助，人类的肉眼就只能勉强分辨出光和阴影了。

## 5.173 电线的影子

**问题：** 在晴天，我们可以清楚的看到马路边路灯的影子，却看不清楚甚至根本看不到路灯上悬挂的电线的影子，这是为什么（参考图 5-7）？

图 5-7　为什么电线不能留下自己的影子

**解** 太阳球体圆周到电线截面圆周的切线延长线的长度，决定了电线在太阳光下影子的长度。如图 5-8 所示，我们可以做一个这样的实验：观察者在 A 点，看到太阳直径与电线直径重合在一起得到切线相交的角 A，这个角度约为 0.5 度。

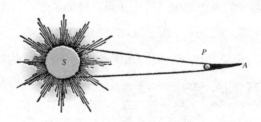

图 5-8　电线 P 的影长 PA 很短的原因

这样一来，我们就可以计算出电线影子的长度了。我们知道，物体的影长等于其直径的 57 倍除去以该物体和太阳切线延长线相交所得的角度，也就是 0.5，所以说，电线影子的长度等于电线的直径乘以（2×57），如果电线的截面直径是 0.5 厘米，电线的影长就是 0.5×114=57cm。

我们不难想到，相对于路灯与马路的距离来说，这个长度还是非常小的，所以这也决定了电线的影子不可能落到地面上。

路灯本身的影子如果按照它的截面直径来算的话是非常长的，我们可以试想，如果它的直径是 30 厘米，它的影子长度应为：$0.3 \times 114 \approx 34\text{m}$，这样的影子长度在路灯高度小于 10 米的情况下，都可以落在地面上。

# 5.174 云在地上的影子

题：如图 5-9 所示，云和它的影子哪个面积更大呢？

 解 这个问题跟上面路灯的问题是相同的，云投射在地上的影子并不是我们想象中那种扩大的样子，而是一种倒面锥体。云的面积很大，锥体的面积也会相当的大，比如说，一块云的直径是 100 米，那么它的影子的长度便会超过 11 千米，是不是很惊人的数字？我们通过和投射它的云本身的大小，进行计算云朵在地面的影子的面积增减，是一件很有趣的事情。

现在我们就来做一做吧！如果云彩挂在 1000 米的高空，太阳光和地面之间的夹角是 45℃，云朵和地面之间的云影长度为 $1000\sqrt{2}$ 约等于 1 400 米。那么从影锥顶端沿 0.5° 度的角扩展到这一距离的话，影锥顶端的云朵的直径大约就会是 $\frac{1\,400}{115}$ 米，也就约是 12 米。云朵本身的长度如果小于 12 米的话，它当然不会在地面上留有什么全影，至于那些大的云朵在特殊的条件下，会在地面上留下全影，而它的尺寸也

图 5-9 云和其影子，哪一个更大

比相应的原云朵短 12 米。

当然，这个距离对于很大的云朵来说是非常小的，所以这些云朵的实际大小与其投射的影子大小差别是很小的，这也给我们计算云朵的长宽尺寸带来了便利。

 ## 5.175 借着月光读书

题：凭借明亮的月光，可以阅读书中的文字吗？

解 对于这个问题，很多人立刻会认为月光那么明亮，凭借月光读书是完全可以办到的。但事实上，这个问题的答案是否定的，仅仅依靠月光的照明，是不能顺利完成阅读的，虽然在很多小说中曾经描写过可以这样阅读，但我们做过这样的实验，在月光下，分辨字迹是很困难的，对于平常字体的书籍来说，需要的光照强度应在 40 勒克斯以上，如果字体较小，那么需要的光照强度就应该在 80 勒克斯以上了。然而在明朗的满月夜空下，月光的强度只相当于 3 米外的一根蜡烛，只有 0.1 勒克斯，所以，想在月光下轻松阅读是不行的。

 ## 5.176 白雪与黑色丝绒哪个更亮？

题：阳光下黑色的丝绒和月光下白色的雪相互比较，哪一个会更亮一些呢？

解 世界上似乎没有什么东西能比黑色的丝绒更黑，也没有什么东西比白

173

色的雪花更白的了，这么明显的事还需要比较吗？

其实，世界上很多你认为正确的结果，在特定的场合或者环境中，未必还能保持原有的正确，也就是说世间的东西千变万幻，没有什么事是绝对的，就像摆在我们面前的这两个经典的黑白，明暗的样板，我们只需用一个普通的物理器材——光度计来观察，我们就不能不推翻这个说法了。那个时候，太阳光下最黑的天鹅绒也会比月光下最白的雪花更亮。

不管物体表面颜色有多黑，它都无法将照射在它上面的光线完全吸收。生活中，我们经常用到的炭笔，是极其黑的颜色了，它也会使1%到2%的光线流失。如果我们假设黑丝绒会分散1%的光线，雪就会分散100%的光线（这当然有些夸张，因为刚降下的雪只能反射80%的光）。

我们都知道，太阳光的亮度是月光的四十万倍，所以黑丝绒所分散的百分之一的太阳光，要比雪花分散百分之百的月光密集几千倍，换句话说，太阳光下的黑丝绒要比月光下的雪花亮几千倍。

上面的结论当然不仅适用于雪花，它适用于所有的白色物体，就连最亮的钛白粉 $TiO_2$ 和锌钡白（$BaSO_4+ZnS$），它能分散照射其中91%的光线，除非加热，所有物体表面发射出的光线都不可能超过照射其上的光线。月光要比太阳光弱四十万倍，所以哪怕1%的太阳光反射过来，也要比月光100%反射回来的雪亮上几千倍呢！所以，月光中的雪比太阳下黑丝绒要昏暗好几千倍。

##  5.177 星星和烛火

**题：** 500 米外的烛火和一颗一等星发出的光哪个更亮呢？

**解** 你知道吗？一支普通的蜡烛所散发出来的光，要比星星明亮十万倍，一等星的亮度想要与蜡烛相比，就要把蜡烛放在大约 500 米以外的地方，那时它们光强大约为 0.000 004 勒克斯，两者的亮度才能持平。

 **5.178 月亮是什么颜色？**

**题：** 月亮是银白色的，它高高挂在天际，这似乎没有什么引人争议的地方。但我们用天文望远镜观测月亮的话，它的表面就像抹了一层石膏，可是天文学家却坚信月球的表面上是暗灰色的，这是为什么吗？

**解** 太阳照在月球表面上的光，月球只能反射其中的14%，这样一来的话，我们完全有理由相信天文学家提出的灰色理论，可是我们面前的月亮为什么会呈现一片白色呢？想得到这个答案，我们可以借鉴一下金塔尔在光学讲义中的解释：

"射到物体上的光会分为两部分，一部分要从物体表面，带着射到它身上的所有色彩反射回来，如果入射的光是白色的，那么反射回来的光就是白色的，太阳光照射在物体上，哪怕这个物体是黑色的，那么它反射出来的光也会是白色的，这一点可以从烟囱里的烟看出，这样的黑烟被太阳光照亮时，烟尘中微小的粒子被太阳光照射后反射到黑暗的屋子里，光的颜色仍然是白色的。诗人是这样描述月亮的：'它身穿天鹅羽衣，美丽而高贵，带着神秘的色彩……'

其实就算月亮真的像诗人描写的一样穿上黑色的天鹅绒，它反射出来的光仍然是白色的，那么它在天上的样子仍然像一个银盘。"

我们看到月亮是白色的，也不光是因为上述原因，也由于夜空漆黑一片，在这样的环境中，再微弱的光也会显得非常明亮。

 **5.179 为什么雪是白色的？**

**题：** 雪花是由透明的冰晶构成的，但它呈现在我们面前的却是白色的，就像碎玻璃或所有磨碎的物体的白色一样。这是为什么呢？

冬天，我们经常会拍打台阶上的冰块，甚至将它们碾碎，这时你能够得到一些白色的粉末，在阳光下闪动耀眼的光芒，其实光线照射在这些粉末上是无法穿透过去的，而是在冰末和空气中进行了反射，因为冰块表面将光线向各个方向分散出去，所以呈现在我们眼前的就是纯净的白色了。

雪由粉末状的雪花组成，它看起来必然也是白色的，如若用水把雪花之间的空隙填满的话，雪就不会再保持原有的色彩，就会变成透明的了，这个实验做起来很简单，只要我们将雪花撒在罐子里，再往里添水，这样雪就会失去白色，变成了无色透明的。

# 5.180 闪闪发亮的靴子

 擦干净的靴子为什么会发亮呢？

 黑色鞋油和刷子里面似乎并不存在什么特别物质能把靴子擦得闪闪发亮，靴子刷过后，它居然奇迹般的光亮起来，这种现象像谜团一样困扰着人们，那么就让我们探寻一下其原因吧。

想知道谜底，我们就要先弄清楚抛光发亮的表面和毛表面的区别在哪儿，一直以来，人们都认为，抛光的表面像净空一样柔静光滑，而毛表面像是起伏不平的沙漠，粗糙不堪。可是你知道吗？我们的这种认知是非常错误的，世界上根本不存在绝对光滑的表面，它们都存在着不同程度的起伏、凹陷、刮痕。如图5-10所示，我们在显微镜下，观察抛光过的表面，放大1000万倍后，

灰尘

图 5-10 如果人被缩小一千万倍的话，被抛过光的小铁片就好像丘陵地带一样

我们依旧发现，这个看似光滑的表面上出现了一座座小山丘。

起伏的程度决定着效果，如果它们比照射在物体上光线的波长短，光线就会正常地反射回来，那时光线的反射角等于入射角，物体表面就会变得像镜子一样光洁闪亮，被称为抛光表面。但是如果起伏的程度长于光线的波长，那么光线就无法再正常地反射回去，光线会分散，再也无法形成镜子般的效果了，表面没有光亮，我们称它为毛表面。

所以，同一表面在不同的光线照射中会呈现不同的效果，某些光线照射后可能会形成抛光的，而被另一些光线来照射，又非常可能形成毛表面了。因为光的平均波长是半微米，也就是 0.0005 毫米。如果起伏小于这个数值的表面，就会成为我们眼中的抛光面，在波长更长的红外线下，亦是如此，但是到了波长非常短的紫外线下，它就会成为毛表面了。

现在，再回到我们的问题上来。刷子刷过的靴子为什么会发亮？我们没有用鞋油来擦拭的时候，皮制表面会有许多上下起伏的地方，这种程度远大于可见光的波长，它就成了毛的。刷上胶质的鞋油后，粗糙的皮制表面就会被一层薄膜覆盖起来，能够有效减缓起伏的程度，还能压平竖着的绒毛，刷子则能将凸起部分的鞋油带走，并把这些鞋油填补到凹陷的地方，所以，靴子表面起伏的程度就有可能比可见光的波长短，皮鞋的毛表面也会成为光表面了，靴子当然就会闪闪发亮了。

 ## 5.181 彩虹中有几种颜色？

 题：你知道太阳和彩虹都有多少种颜色吗？

解 很多人都认为太阳和彩虹的颜色有 7 种，其实这种观点是完全错误的，如果你去亲自观察而不是人云亦云的话，你会发现它们只有 5 种基本的颜色：红、黄、绿、蓝、紫。它们之间不但没有严格的界限，而且它们只是基本色，还会发生渐变，出现红黄、黄绿、绿蓝、蓝紫这几种渐变色，如此一来，太阳和彩虹的颜色到底有几种就取决于是否算上渐变色，所以可以说是 5 种颜色，也可以说是 9 种。

既然事实已经如此清楚了，可为什么人们会认为太阳和彩虹的颜色是 7 种呢？最初牛顿只区分了 5 种，他曾经在《光学家》中这样写道："红色在光谱中折射率最低，被排在最上端，而紫色的折射率最高，位于最底端，两者之间还夹杂着黄色、绿色和蓝色。"

不过后来，牛顿为了使光谱颜色数量和基本音阶的数量相应，就在以上基本上加了两种，变成了 7 种颜色，这是一个带有占星术的毫无根据的添加方法，使我们不得不联想到古代所流传的"第七重天"的传说。

彩虹的颜色更不可能是 7 种了，它甚至连 5 种颜色都达不到，我们平时观察到的只有红色、绿色和紫色这三种颜色，有的时候，还能隐约看到黄色和一条很宽的白色光带。

可是令人百思不得其解的是，光谱是 7 种颜色的理论，似乎已经深深印在了我们的脑海中，甚至在物理科普实验中也根深蒂固。现在，只有中级教材中还是坚持"七颜色说"，但这种误解早就在大学的课程里逐渐消失了。

其实，我们的"五颜色说"若想清楚地观察到，也是需要一定条件的，我们也只能够在光谱中分辨出红色、黄绿色和蓝紫色这三种颜色。实验证明，若想把这些色彩一一鉴别的话，就能分出 150 多种颜色。

##  5.182 观察彩色玻璃后面的花朵

题：透过绿色的玻璃看红色的花朵，花会呈现出什么样的颜色？蓝色的花又会呈现出什么颜色？

解 其这个问题不难回答，而且非常有趣。我们都知道只有绿光才能够透过绿色的玻璃，其余光线都会毫不留情地被阻挡；而红色的花朵几乎无法反射出其它颜色，只能反射红色的光。透过绿色的玻璃看红色的花朵，我们无法接受到任何光线的，因为红色的花朵反射出的唯一光线就是红色光线，却被玻璃阻挡了，所以透过绿色的玻璃观看红色的花朵，只能看到它是一朵黑色的花。

物理学家、画家米·尤·比阿特洛夫斯基教授对大自然有着非常敏锐的观察力，他在自己的著作《夏季旅行中的物理学》中提到了许多关于这方面的见解，我们一起来阅读一下吧：

"透过红色的玻璃观察花朵，你会发现这样一个现象，像天竺葵这种纯红色的花，在红色的玻璃后面会变成洁白的花朵；而透过这种颜色的玻璃观察绿叶，就会呈现出带着金属光芒的黑色；观察乌头，"骑士的马刺"这种蓝色的花时，它的颜色会更黑，在绿叶的黑色背景下观察，几乎根本无法辨认出它们；观察黄色、玫瑰色和淡紫色的花朵时，它们的颜色也会变暗，只是变暗的程度不同而已。

透过绿色的玻璃观察绿叶时，绿叶会显得更加明亮；观察白色的花朵时，花朵会在绿色玻璃的衬托下显得明亮耀眼；观察黄色和蓝色的花时，它们的颜色会变淡；观察红色的花朵时，花朵就成暗黑色了；观察淡紫色和淡粉色的花朵时，它们的颜色会暗淡发灰，观察野蔷薇淡粉色的花瓣时，它的颜色会比它浓密的叶片颜色还要暗。

透过蓝色的玻璃观察红色的花朵时，红色的花就会成黑色的花了；观察白色的花朵时，花朵颜色很明亮；观察黄色的花时，花朵就变成了全黑的；观察天蓝色和蓝色的花时，它们会明亮耀眼地像白色花朵一样。

所以，与其他颜色的花相比较，红色的花朵能够反射最多的红色光线到我们眼中；黄色的花朵可以将数量几乎相等的红光和绿光反射回来，而反射出来的蓝光就非常少了，粉红色和紫色的花能够将许多红光和蓝光反射回来，但反射出的绿光却很少。"

我们平时经常能看到这样的色调变化，它们总会产生令人意想不到的效果。

## 5.183 金子的颜色

题：你知道什么时候金子的颜色会变成银色吗？

解 想让金子不显示它的黄金色，就要透过能滤掉黄光的东西看它。这一点牛顿就曾经做到了，他选择的方法就是将光谱中的黄光挡住，却让其他光射过来，再用一个透镜将这些光聚到一起，他对此这样描写道："那时金子被滤掉黄光后看起来跟银子一样，是银白色的了。"

## 5.184 在日光与灯光下

题：印花布在太阳光下会呈现淡紫色，可在夜晚的灯光下观察时，它就呈现出了黑色，这是怎么回事？

解 日光发出的蓝光和绿光比电灯照明时发出的多得多，因此在电灯照射下，淡紫色的印花布所反射出来唯一光线都不会收到，也就无从反射出来，在这样的情况下，人们看淡紫色的布当然就是黑色的了。

## 5.185 天空的颜色

题：天空为什么在艳阳高照的正午时是蓝色的，而到了太阳落山的时候便成了红色？

**解** 屠格涅夫曾说过这样的话："因为大地，天空才这么蓝！"其实太阳光照在大气层上的光是白色的，但是当我们仰望天空时看到的就是经过大气中的空气分子和尘埃散射后的光，蓝光的波长较短，所以空气分子和尘埃毫无顾虑的把它散射开来，其他的光线波长较长，它们则巧妙绕过这些微粒，潇洒地投射到地面上，所以说，大气最容易捕获蓝色光线，最难捕捉到穿透大气层能力最强的红色光线。

白天，天空散发蓝光，所以我们看到的天空自然而然变成了蓝色，阳光在早晨或者傍晚时几乎与地平线平行射入，这时的大气层与正午相比较厚，只有红光可以穿过，所以这时的太阳在我们眼中就是红色的了。这也是月全食的原因：红光穿过厚厚的大气层照亮月球的边缘，形成一个红色的圆边。

基恩斯在他的著作《宇宙的运动》中是这样解释这种现象的："我们试着想象一下，站在码头上，看着汹涌的海浪不停撞击着码头的铁柱子。那些浪相对于柱子来说太大了，它们一瞬间就越过了柱子，仍旧一浪高过一浪地汹涌着，丝毫没有把那些柱子放在眼里。

或许你会认为铁柱子一点用处也起不到，其实不然，它们对于那些细浪和涟漪来说可是一个难以逾越的障碍。细浪撞上铁柱后，立刻就会被打成无数更细的波纹散开。这在科学上是一种'散射'。铁柱的阻碍作用对长波来说起不到什么影响，但却能使细波散射。

这个波浪的例子与我们要讲的问题非常相像，完全可以把它当作太阳光穿过大气层的模型。无数障碍物以气体分子、灰尘、水滴等形式存在于星球和星际空间中，它们形成像码头上的铁柱子一样的大气层。太阳光的传播就像是撞击着铁柱子的海浪，组成太阳光的光谱是七种，这一点我们都知道了。每种光波的波长各自不同：红光的波长最长，而蓝光的波长最短。太阳发出的各种光穿过大气层和海浪撞击着码头的铁柱的情况类似。太阳光中的红光就像是巨浪，它可以轻松越过这些障碍物；而蓝光透过大气层时就像是细浪撞击在柱子上一样，会被散射到各个方向。

蓝光通过大气层时会被空中的灰尘反复散射。经过一番曲折才进入人的视线中，它被散射到四面八方，所以我们看到的天空是蓝色的，而强烈的红光则轻松越过障碍物直接进入了我们的眼中。"

而美国的气象工作者用下面的方式解释天空不同色彩的原因：

不同的光波到达观察者眼中的相对亮度决定了天空的颜色。这个亮度又受单位灰尘粒子的大小和数量对光的散射能力所影响。假设大气中的粒子体积很小，数量也非常少，那么天空的颜色会更加蓝。

反之，在干燥多风的天气，粒子的数量和体积就会增加，空气温度增加时，粒子只有体积会增加，那么波长较短的光波就会显得更加衰弱，根据波长，天空会绿色、黄色、甚至红色等颜色。如果粒子非常大时，就会散射开所有的光波，天空就会呈现出白色。

现在，你应该知道早晨和傍晚天空会出现不同颜色的原因了：地平线附近的天空是红色的，再高一点是橙黄色，再往上呈现的是绿色和蓝绿色。这里所说的高度的影响指的就是太阳光线穿过天空不同区域的大气层射入人的眼中的路途中，遇到空气中的粒子的数量和大小是不同的。

而观察傍晚天空的颜色，能够观察到很多天气预报，如果傍晚时，天空呈现红色，说明这天夜晚不会降雨；如果天空笼罩着均匀的灰色，那么恐怕就要下雨了；如果地平线上出现的是黄色或者淡绿色的话，就说明这一天一定是个好天气。

##  5.186 浩瀚宇宙中的生命传播

**题：**《进行论基础》中讲述了这样一种现象：宇宙中有微生物，太阳光的压力推动着这些物种的孢子飘向遥远的宇宙的另一个方向，如果幸运地遇到像地球这样的行星，把生命传播到那里。此外，这本书还说：

"著名瑞典化学家、1903 年诺贝尔化学奖获得者阿累尼乌斯认为，物种孢子只需 20 天就可以从火星到地球，只需 14 个月就能从海王星到达地球……"

显然这个引证是错误的，你知道原因是什么吗？

解 这种太阳光从火星或者海王星将物种孢子推至地球的说法并不成立，我们都知道光波传播的方向来自于太阳，这与《进化论基础》一书中提到的是到太阳去的说法完全相反，应该这样说："假想一下，太阳光用自己巨大的力量把离开地球的微生物推送到宇宙空间，需要大约20天的时间到达火星轨道，80天到达木星，而到达遥远的海王星则是要差不多14个月的时间。"

由此可见，《进化论基础》对累尼乌斯著作的印证在数字上是完全正确的，只是弄反了方向。

# 5.187 红色信号灯

题：铁路停车站的信号灯都是红色的，你知道这是为什么吗？

解 与其他颜色相比，红光的波长较长，这使它不容易被空气中的浮尘颗粒分散，而且它比其他任何颜色的光穿透的距离都要长，停车站信号灯可见距离的长短是非常重要的，因为如果想让列车最快速度停下，驾驶员就必须在距离停靠点很远的地方就开始刹车，这就要求信号灯必须鲜明而长久，所以，红色是最好的选择，即使在大雾的天气，也可以在4千米外看到红色的信号灯，而在2千米外就无法看清白色信号灯了。

人们之所以制作了红外天文滤光镜来拍星球表面，就是利用在能见度高的大气中，波长长的光线穿透的距离更长这个原理。穿透红外线的滤光镜拍摄出来的照片，是普通照相机所无法比拟的，它能够将普通照相机无法拍摄下的细节，清晰可见地呈现在你眼前。这样一来，普通照相机只能拍大气层的云朵，而红外线的滤光镜可将星球表面上所有的一切清晰地展示在我们眼中。

在军事飞行中也广泛应用了这种红外线摄像技术，利用这项技术，可以从高空远距离拍摄远方敌对地区的情况。

# 5.188 折射率与密度

 题：你知道光在不同介质中的不同折射是由什么决定的吗？

**解** 经常听到人们这样说，物质的密度越大，它的折射率就越大，"光几乎是以垂直状态从密度较小的介质进入密度较大的介质中的。"这种说话是正确的，但是并不能代表一切。

两种介质的相对折射率和光线在这种介质中的传播速度是成反比的。为了让你对这个问题更感兴趣，也使我们的研究变得更加简便，可以先把这个问题换一种说法。可以换成：是不是在某种介质中传播的光速越小，它的密度就越大呢？

我们曾经做过实验，比较过真空、空气中和清水里的情况，得到的结论是，两者之间并不存在这样简单的对应关系，假设空气的密度是单位 1 的话，在这三种情况下，密度分别是：

真空——0　　　　　空气——1　　　　　水——770

如此，如果光在空气中传播的速度是单位 1，那么光在这三种介质中分别就是：

在真空中——1　　　　　在空气中——1　　　　　在水中——0.7

我们并没有看到一直期待的相互关系，这种情况虽然很少见，但一些密度相同的物质是的确真实存在着的，在这些物质中，光的传播速度是不同的，也就是说，这些物质的折射率是不同的，比方说经过适当稀释的硫酸锌和氯化物，就是这样的情况。而具有相同折射率的物质密度却不相同，我们都知道，玻璃的密度是松油的两倍，但通过这两种不同的物质，光的传播速度是相同的。

只有同一介质在不同温度和压力下，折射率和密度之间才会构成反比的关系，除此之外的其他情况下，都是不适宜的。

不过在这种相似的情况下，有一种误解，起因就是"密度"一词在光学介质改变中的不正确的理解。那是一个用来表示折射等级名为"光学密度"的不经常被提起的词汇：两种介质中，光学密度大越大，它的折射率越大。

## 5.189 两种透镜

题：这是爱迪生给我们留下的一个很有趣的问题：有两种折射率分别是1.5和1.7的玻璃，我们将这两种玻璃，分别制成形状几乎完全相同的双面凸透镜，那么它们的透光效果有哪些不同呢？

如果我们将这两个透镜浸入折射率为1.6的透明液体中，那么对于射到它们表面的平行光，它们会产生什么影响呢？

解 大小形状完全相同的两面透镜，因为它们的折射率分别为1.5和1.7，就决定了它们的焦距是不一样的，折射率较大的透镜焦距比折射率较小的透镜焦距更短。

两个透镜浸入折射率为1.6的液体后，透镜对光线也会产生不同的影响：折射率为1.5的那块透镜，它的折射率小于液体折射率，那么它会使光线发散，而另一块折射率为1.7的透镜，它的折射率大于液体折射率，那么它就会使光线聚合。

## 5.190 地平线附近的光

题：如图5-11所示，如果你是一个细心的人，你就会发现地平线附近的月亮，看起来要比高高挂在天空上的月亮要大一些，仔细观察这个更大的月亮，为什么我们并不能从它上面看到比小一些的月亮更多的细节呢？

解 若想在客体上观察到新的细节，只有用更大的视角观察它们才行。如果能用更大的视角观察地平线附近的月亮，那么我们应该能够在它上面看到比

图 5-11 什么时候能看到月亮上更多的细节？是月亮当空的时候，还是落在地平线附近的时候

在当空情况下的月亮更多的细节。可事实并非如此，我们观察到的地平线附近的月亮，其实并不比当空的月亮有任何扩大，不要觉得它离观察者更近，相反，其实它比当空的月亮离我们更遥远。

虽然我们并不需将这个问题过多地与光在地平线附近的折射率联系到一起，但也不能说一点作用也没有，这种错误的印象在人们心里几乎是根深蒂固的，著名作家契诃夫的妹妹玛丽雅·契诃娃有过这样的回忆：

"一个夏日的傍晚，天空晴朗，万里无云，在地平线的附近，巨大的红太阳正慢慢向下移动，我的脑海中突然出现了这样一个问题：正午时，太阳可没有这么大，为什么落山的时候，会变得这么大这么红呢？我们经过了一番争论，最后认定，可能是因为这时候太阳已经落到地平线的下面了，可大气层就像是一个玻璃棱镜，把太阳的影像进行了折射，于是我们还能看到太阳，但这时在我们视线中的太阳早就不是平时看到的颜色和大小了。"

还有一种刊登在科普杂志上，并不比契诃娃的见解更有说服力的说法，下面是杂志上的原文：

"地平线附近的太阳和月亮之所以看上去比它们在当空时更大，是由于地平线附近的大气层折射率一直猛增，最终在地平线处达到峰值，所以太阳和月亮在地平线上会呈现出比当空时更大的圆盘。"

可是事实并非如此，折射率并没有增加，反而使太阳在垂直方向上的直径减少了，形成一个椭圆（图 5-12）。我们至今都没有弄清楚这些天体在地平线上看起来更大的真正原因，但唯一可以肯定的是，绝不是大气折射的原因。

细心想想我们的问题，应该强调大家注意一点，就是观察到地平线附近的球体增大，与用望远镜或显微镜观察物体大小变化是完全不同的两个概念。光

学仪器不会改变被观察物体本身的大小，更不
会改变物体和我们之间的距离，但是它能够巧
妙的通过改变进入眼睛的光线的方向，从而使
落在我们视网膜上的物体的像发生改变。

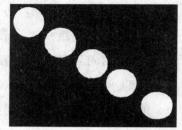

物体本身的大小和它与我们之间的距离不
会因为光学仪器而发生改变，它只能使物体落
在我们的视网膜上的物体镜像大小发生改变，

图 5-12 大气折射对地
平线附近太阳形状的影响

影像被拉长而落到更多的视觉神经末梢上，在没有光学仪器的情况下，本该在
神经末梢上汇聚为一点的影像变得模糊不清，一团朦胧。

不过，可以肯定的是，我们在地平线上看到的天体，在视觉上的放大与事
实情况不同，在视网膜上，月亮的影像没有扩大，所以不可能从中看到更多月
亮表面的细节。

# 5.191 孔板 "放大镜"

**题：** 带孔的薄硬板拥有放大镜的功能，你知道这是为什么吗？（图 5-13）

**解** 通过纸板上的小孔去观察微小的物体，
我们会发现这个物体明显增大了，这种放大与
地平线上的太阳被放大的情况不同，它并不是
一种视觉假象，我们能在仪器的作用下，清楚
地在物体上看到更多新的细节。小孔与放大镜
的作用并不相同，我们都知道透镜改变了光线
传播的路线，在视网膜上形成了增大的客体影

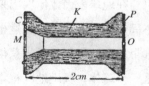

图 5-13 图中是一个木板筒
做的放大镜，透明的玻璃圈 $C$ 贴
着被观测的物体，通过纸板 $P$ 上
的细孔 $O$ 被观察到，这时出现在
纸板上的就是放大后的影像

像，在这一点上两者相同。小孔虽然也增大了在视网膜上的物体影像，但它却没有改变光线的传播方向，而是阻滞了能够在视网膜上形成模糊影像的那部分光线，所以小孔可以使客体向瞳孔明显靠近，且无损客体的视觉清晰。

这里，我们也不能不承认，小孔是不能完全代替透镜的，它无法像透镜那样，能够利用更多的光线，使影像变得更加的明亮。

如图5-13所示，我们可以观察到客体是在眼睛之外2厘米的地方，而25厘米是人的一般视力能够清晰视觉影像成形的距离，也就是我们在拥有12.5倍的线性放大率的情况下看到物体的，而这种放大率必须在明亮的条件下，才能够发挥作用。

# 5.192 太阳常数

**题：** 我们对太阳常数并不陌生，它是一个能量单位，表示在日地平均距离处，地球大气层垂直于太阳光线的面上所接受的太阳辐射通量密度。那么，冬天的回归线地区与夏天的极地地区，什么地方的太阳常数更大呢？

**解** 无论一年中哪一季节，全球所有纬度上的太阳常数都是一样的，大约为每平方厘米每分钟8焦耳，一年中的每个时间，太阳能量都是平均播撒在大气层外每一平方厘米面积上。在不同的地区，太阳常数因气候或者季节的影响，只会在地球表面才体现出来。在同一地区一年内的不同时段中，太阳照射角的不同会影响太阳常数，这也是限于地表的。太阳直射时，无论那个季节，无论那个地方，每平方厘米获得的能量是相同的。而我们必需要清楚地明白，地球是一个球体，极地地区根本得不到太阳的直射，就连赤道地区一年中，也只能被太阳直射两次，其余时间该地区地表与太阳照射都不是直射，但这时形成的角度与极地地区那么小的角度相比，更接近直角。

严格地说太阳常数在一年时间里并不是一成不变的。由于地球的公转轨道是一个椭圆形，所以地球在一年中的不同时间段里和太阳的距离是不同的。1月1日

时日地距离较 7 月 1 日时的距离更近 3.5%，也就是说，1 月的太阳常数要比 7 月的太阳常数大 7%，也正是这个原因，才使得冬天不至于太过寒冷，夏天太过炎热。

# 5.193 最黑的东西

问题：你知道世界上什么东西最黑吗？

解　我们习惯认为黑色就是没有任何光线照进我们眼睛的表面，可是你知道吗？自然界中，根本没有黑色的东西，那些习惯被我们称为黑色的如炭黑、黑金、铜的氧化物等物质，其实它们并不是黑的，只是它们身上的某部分没有被光照亮而已。

那么，你知道世界上什么东西最黑吗？答案似乎有点出人意料，是窟窿，当然这并不是指所有的窟窿，这个窟窿是有一定条件的，比如那种里面涂了黑色的封闭盒子上的窟窿，即使我们在它的壁上打个小孔，它看上去还是黑乎乎的，完全没有一丝光亮的样子。

你把一个盒子里外都涂成黑色，在盒子壁上挖个小孔，这个小孔不管什么时候看都是黑黑的。这就是因为透过小孔进入盒子里的光线一部分被盒子内壁吸收，另一部分则被反射回来，而反射回来的这部分光线大部分继续在黑色的内壁上，很少能反射回小孔，它们在盒子壁上进行着第二次、第三次的被吸收和反射，如此一来，光线就基本不会再进入我们的视线了。

那么在屡次的反射中，光强是如何变弱的呢？现在可以用数字来把这个答案表示出来。在这个漆黑的盒子中，射到里面的光线，有 90% 被吸收，其余的 10% 反射出来，所以说，在第一次的反射中，损失掉了 10% 的能量，第二次还是 10%，接着是第三次……那么在第二十次反射后，光强减少的倍数是 1 的负 20 次方，是最初光强的：0.000 000 000 000 000 000 01。

这样微弱的光亮完全可以忽略不计，因为它几乎不会被眼睛感知到。如果初始光线是太阳光，为 100 000 勒克斯，那么 20 次反射过后，它的光强应为：0.000 000 000 000 001 勒克斯。

夜空的星光中，人的肉眼最高只能分辨出光强为 0.000 000 04 勒克斯的星光，比它再暗的光，肉眼就无法分辨了，所以说，光线在盒子里经过 20 次反射后，再从小孔里出来时，对人的眼睛早就不可能形成刺激了。

现在你知道为什么窟窿是最黑的东西了吗？物理学上有一种"绝对黑色物"，它是在任何温度下都可以 100% 吸收表面光线的物体，而这种带孔的小盒子就是一种"人造绝对黑色物"。

 5.194 太阳的温度

 题：你会计算太阳表面的温度吗？

解 依靠所谓的"绝对黑色物体"的辐射就能够计算出太阳表面的温度。从理论上说，黑色物体是 100% 吸收所有能接到的光能的物质（自然界中没有绝对的黑色物质，因为它们总有一部分会反射光线），斯捷潘发现了这样的物理定律，绝对黑色物体所具有的能量和它的温度（开尔文温标）的四次方成比例关系。我们将一个绝对黑色的物体加热到 2400K（2127℃）所吸收的能量，与加热到 800K（527℃）时所吸收的能量相比，是后者的 3×3×3×3 倍，就是 81 倍。

为了求太阳表面的温度，可以先假定地球是一个绝对黑色的物体，它表面的平均温度是 17℃，也就是 290K。如果这里你会说地球表面不同地区的温度是不同的，没关系，在这里，这个细节可以忽略不计，我也可以准确地告诉你，这对计算出来的结果是完全没有影响的。而且这本身就是一个假设，就像地球本来也不是一个绝对黑色物体一样。

150 000 000km

图 1-14 太阳表面温度的计算

太阳球面积从几何学上说只占据天球总面积的 $\frac{1}{188\,000}$，现在我们来假定地球是处于半径为 150 000 000 千米的公转圆周中心位置（图 5-14），与太阳的地表单位面积的辐射量相同，也就是说，假设太阳占据了整个天球，那么它的辐射面积就是 188 000。地球所获得的能量也会产生变化，应该为现在的 188 000 倍。由此可见，在热平衡的过程中，地球温度和太阳温度应该获得相同的温度。在这种条件下，地球得到的能量应该与释放的能量相等，当然一种情况除外，那就是它并没有处在热平衡状态中，只会越来越热或越来越冷。也就是说，地球能够获得全部太阳射出的能量，太阳辐射和地面辐射是相同的，但地球表面辐射的全部能量应该和太阳辐射出的能量相同，然而在现实中，地表辐射的能量与上述结果相比，只是它的 $\frac{1}{188\,000}$，那么我们由开尔文温标和辐射之间的四次关系可知，辐射量增大了 188 000 倍的时候，温度也会随之增高 $\sqrt[4]{188\,000}$，也就是 20.8 倍。

本应与太阳温度相同的地球的温度应该是将地表温度 290K 乘以 20.8，那么大约就是 6000K，这就是地球温度大约值了。这种用几何学定理作为辅助的证明方法，可以帮助物理学家更为便捷地解决一些靠实验和现实判断都很难解决的难题。

##  5.195 宇宙空间的温度

 题：你能计算出宇宙空间的温度吗？宇宙空间中的物质的温度呢？

解 面对这个问题，很多人连问题的真正意义都没有弄懂，他们只是习惯性的坚信宇宙空间的温度是 −273℃；有的人则认为大气层外太空中的所有物质最后都会冷却至绝对零度。

其实这两个答案都是错误的，"装着"物质的"空间"根本就没有温度，它是一个空的东西，而"宇宙空间的温度"并不是它的表面意思，而是一个概括而已。

再者如果宇宙空间的温度都是 −273℃ 的话，那么作为其中一员的地球的温度也应该是 −273℃。可是，你知道吗？地球表面温度要比这个温度高出 290℃。

其实宇宙空间的温度指的是受到太阳或者其他恒星照射的绝对黑色物体的温度。这个定义是早先人们用自己的辛勤努力得来的，也为这个定义赋予了不同的意义。布里埃计算的结果是 −142℃，弗莱利赫得到的是 −129℃，而斯捷潘得出的结果才是最可靠的，他的结果是根据星体辐射的变化计算出来的。

其测量方法是这样的：半个天球的所有星体辐射量总和只是太阳辐射量的 $\frac{1}{5\,000\,000}$。我们假设太阳占满了整个天球，那么太阳的总辐射量就是天球的总辐射量：$\frac{5\,000\,000 \times 188\,000}{2}$ =470 000 000 000 倍。

相较之下，地球由星体辐射得到的能量比太阳少，约为太阳的

由绝对温度的四次方与能量之间的比例关系可以得出，太阳表面温度应为陆地表面温度的：$\sqrt[4]{470\,000\,000\,000}$ =700 倍。

太阳表面的温度是 6000K，这一点我们早就知道，地球还从星星中获得了 $\frac{6000}{700}$ 的温度，这个温度比绝对温度高 9K，就是 −264℃，这个温度就是宇宙空间的温度。

可是事实上，地球的平均温度是 290K，原因也很简单，我们这个地球不仅得到了星星的照射，还得到了太阳的照射，如果没有太阳的照射，地球的温度将变成 −264℃，那将是一个多么可怕的事情。

在宇宙空间中，没有被太阳照射到的物质的温度是稍高于 −264℃ 的，高出来的温度由这种物体的热传导能力、它的形状和表面特性等因素来决定的。现在我们走进奥博托教授的专著《走向星际空间》看一看不同物质在指定的条件下的温度有什么不同：

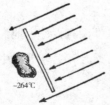
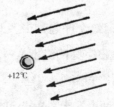

图 5−15 宇宙空间中距离太阳 1.5 亿　　图 5−16 1 厘米的金属球，被放置于距离太千米，接收太阳光照，温度约为 −264℃　　阳 1.5 亿千米的宇宙空间中，会被加热到 12℃

（a）把一个直径为 1 厘米，传热性良好的金属球放置在距离太阳 1.5 亿千米的宇宙空间中，它的温度会上升到 12℃。

（b）太阳光垂直照射在一根圆形截面的细长金属上，它的温度会达到 29℃（图 5-17）。如果使这根金属线与太阳光保持平行的情况下，它的温度就低很多。在太阳光的照射下，其他任何物体被拉长后平放接受照射达到的温度都在 12℃～29℃之间。

（c）在地球这个位置上的金属薄片在宇宙空间中被太阳光垂直照射后的温度可达到 77℃。如果把它乌黑的一面作为接受太阳光照射面，那么它的温度会达到 147℃（图 5-18）。

也许你会感到非常不解，为什么在地球上，这样的金属片从来都没有达到过这么高的温度呢？这是由于地球的周围笼罩着一圈大气层，热量的积累被空气的对流阻碍了，而月球的周围就没有一圈大气层笼罩着，就可以达到上述温度。而且月球表面的温差非常大，如果把金属片乌黑发暗的一面背对着太阳，那么它的温度就会降到 -38℃。

这个情况非常重要，尤其是对于在平流层上，对星际航行中计算飞行舱体的温度条件来说，更是至关重要的。皮卡（Picard）第一次在 16 千米高空飞行时，他把他的舱体一半涂上黑色，一半涂成了白色，他坐在这个舱体中开始这次飞行。他把黑色的一半舱体向着太阳，这时，白色的铝制舱体正处于严寒中，温度低至 -55℃，而他的另一半黑色的舱体却被太阳照射得过热，为此，他也在

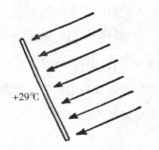

图 5-17 细长金属导线在垂直
太阳光照射时温度会达到 29℃

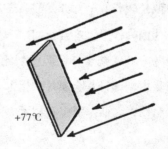

图 5-18 金属薄片在相同的
情况下会获得 77℃ 的温度

舱体中受尽了折磨。他把这个过程详细地记录在日记中："太阳光太强烈了，它把黑色的半个舱体晒得快要着火了，这便得里面的温度也迅速升高，达到了38℃，我在里面热得要命，把上衣都脱掉了，简直太热了。"对于此类情况，俄罗斯的一位飞行员也深有同感，他这样写道："飞行在 17.5 千米的高空时，外面的温度是 −46℃，而内部的温度则比外面高出许多，达到 14℃ 以上。"在 "C-OAX−1" 飞行中罹难的一位飞行员对此类情况也有相关的记录："飞行高度为 20 500 米。内部温度是 15℃，外部温度是 −38℃。"

以上事实证明，哪怕环境的温度再低，物体也可以在太阳光的照射下达到非常高的温度，对于这种说法，1928 ~ 1930 年参加南极探险的探险家们也都表示赞同，并给予了证实。贝尔德对此这样描写道："探险者们随身携带着一种感光计，它是一种用来测量太阳辐射量的仪器，在一般的低温下，这种感光计本身的温度很少高于 18℃，可在那里，它的自身温度竟然达到了46℃。"1925 年 7 月，弗里德曼教授进行了一次热气球飞行，他对此进行了这样的描述："我们的飞行高度最高达到了 7400 米，这时的温度为 20℃，并不寒冷，我向巴黎飞去，路程中越来越热，太阳比在南方时还要强烈。"

这个现象被工业生产广泛应用，塔什干地质物理学家特拉费莫夫建了一个太阳能采集器，这台机器不需要任何透镜就能收集阳光，使温度升高至200℃。即使在温度非常低的地区，也能用这种设备把水烧开。

宇宙空间中的物体就算不像绝对黑色物质把全部光能都吸收了，只是吸收其中波长较长的一部分光线，还是能够达到惊人的高温。根据法国天文学家法布尔为例的计算，宇宙空间中，在地球轨道上的某种物体只吸收蓝光（蓝光的波长为 0.004 毫米），即便如此，它的温度都可以升高至 2000℃：在这样的物质层中，如果是金属片的话，一定会在阳光照射下被晒熔化了。也许正是由于这个原因，所以彗星在靠近太阳过程中会出现发光的现象。

# 第6章

第**6**章

其他物理问题

## 6.196 比铁强的磁性金属

**题：** 是否存在这样一种金属，磁化后比铁磁化后磁性强呢？

**解** 在某种临时磁化条件下，有些合金获得的磁性要比铁的获得磁性大，它就是帕明瓦恒磁合金，其磁导率比磁铁的磁导率大2倍，它的组成为：45%镍、25%钴和30%的铁。

像帕明瓦恒磁合金一样，透磁合金和缪合金也同样拥有很强的磁导率，不仅如此，它们还有一个特性，那就是在断电后，它们的磁性立即完全消失。利用这一特性，人们选择它们做电缆的外壳，以提高水下电缆传送信息的速率，它们传播信息的速率，是其他不附有这种外壳电缆的3倍。用它们做电缆外壳，将大大节省原料，一根这样的电缆线，相当于其他的3根呢。

像帕明瓦恒磁合金性质相似的合金还广泛用于发电机和变压器中。因没有断电时的剩磁现象，这些发电机和变压器的功率能提高好几个百分点呢。

## 6.197 磁铁的分割

**题：** 如果我们将一块磁铁切成几小块，哪部分磁性会最强？是离磁条两端的磁块，还是靠近中间的那一块？

**解** 是中间那部分，这里磁体的磁力最强。原因很简单，我们将一块长条

磁铁横切成几部分（图6-1），每一部分依旧存有南北两极，放置方向如图所示。这时如若磁体 a 的磁性大于磁体 b 的话，那么磁体 a 的南极 s 的磁性就会大于 b 的北极 n，而且原来磁体靠近 n 极部分，所分割出来的磁体的 s 极的磁力将会抵消所有 n 极的磁力，这样 s 极的一些磁力便会过剩，那么整个磁体的下端便不会是 n 极，而是 s 了。如此类推，我们自可得出，随着所切位置越接近零磁线（即磁体的中心位置），其磁力越大。

图 6-1 哪段磁体的磁性更强

## 6.198 天平盘上的铁块

题：有一架天平，一端盘上有放一铁块，另一盘上放一铜砝码，天平刚好平衡？请问，如果考虑地球磁场的作用，铁块和砝码的质量还会相同吗？

解 一般人会认为，地球是一个很大的磁体，或多或少地总会吸引铁块，并产生向下的拉力，因此地球对铁块产生的拉力包括地球引力和磁力，而对铜砝码只有引力，所以铜砝码的质量应该大于铁块。

但这种观点是错误的。他们完全忽视了，相对于庞大的地球来说，铁块的体积和质量真的微不足道。当然，还有一个更重要的事实，这些人也忽

铁块          铜砝码

图 6-2

视了：那就是地球磁场不仅会对铁块产生引力，同样也产生斥力。受地球磁场的影响，铁块靠近地球 N 极的那一端会形成 S 极，而铁块靠近地球 S 极的那一端形成 N 极。那么地球磁场对铁块两端产生的吸引力应该是一样，因为相对于铁块几厘米的长度，几十克的重量，所产生磁力差别可说是微乎其微，完全可以忽视。也就是说，地磁场对铁块产生的引力和斥力完全可以抵消，即对它没有影响。

因此可以说，天平两端的铁块和铜砝码质量是相同的。地磁场对称量结果没有影响。因此，将磁化的铁针插在小木块上，放入装有水的盆中，做成指南鱼。小木块不会受地磁场作用移向靠近磁极的盆边处，而只会在原地转动，指向南北极。

## 6.199 带电性和磁性

题：（1）轻质的小圆球被胶棒吸引，我们是否能够理解为胶棒原先是带电的？那么换个角度，如果轻质的小圆球排斥胶棒呢？又该如何解释？

（2）铁棒能够吸引铁针，那是不是意味着铁棒起先就被磁化过了？如果铁针排斥铁棒？那又意味着什么呢？

解 （1）单单因为小圆球被棍棒吸引，我们不能就妄自断定棍棒是带电的，如果轻质小球带电的话，不带电的棍棒同样会被其所吸引，这种吸引现象只能表明它们其中一个是带电的。

反之，我们若发现棍棒和小球之间相互起了排斥反应，那么便可以这样断定：两个物体都是带电的，只有两个带同种电荷的物体才会互相排斥的。

（2）磁体的情况跟上面问题很类似，如果铁棒吸引针头，不能断定铁棒就有磁性，如果是针头被磁化的话，未被磁化的铁棒自然而然会被吸引的。

## 6.200 人体所带的电量

**题:** 人体带电似乎成了不争的事实，但是你知道人体所带电量有多大吗？

**解** 一个人远离接地导线附近的时候，比如离房间墙壁很远的地方，他身上的所带电量相当于半径为 30 厘米的球形导体所带的电量。

## 6.201 灯丝的电阻

**题:** 我们都知道，在不同温度下，灯丝的电阻是完全不同的，那么对于 50W 的白炽灯来说，高温时的电阻与低温时，有多大的差别？

**解** 随着温度的升高，一般金属丝的电阻会增大，但炭棒电阻恰恰恰相反，随温度升高，它的电阻反而下降。普通白炽灯的灯丝是金属丝，它在高温时的电阻大约是低温时的 12 ～ 16 倍。

## 6.202 玻璃的电阻

**题：**我们知道，一般情况下，玻璃是绝缘体，那么电流能否通过玻璃呢？

**解** 玻璃是一种很奇特的绝缘体，它的绝缘性是相对的，当它的温度达到300℃，它的绝缘性能就消失了，变成了导体。

我们可以做一个简单的实验，将一根玻璃棒接在照明电路中，两端通电，这时照明灯泡不会亮。用酒精灯给玻璃慢慢加热，随着温度的升高，灯泡竟然亮了起来。这说明，有电流经过玻璃棒，也就是说此时玻璃棒导电。

其实很早以前人们就发现加热的玻璃能导电了，这好像在电解液中的离子导电。能像电解液一样产生游离离子那样导电的固体很少见，玻璃可说是万里挑一了。

 ## 6.203 频繁开灯的后果

**题：**频繁拨动电灯的开关，会使白炽灯损坏，为什么？

**解** 白炽灯是真空灯，在灯泡里的空气被抽空时，金属钨丝会吸收一些空气，也就是说灯泡里总有一点儿残留空气。加热时，钨丝会排出残留气体；而开灯后，钨丝冷却，又会吸收残留气体。如此过于频繁地排出和吸收，会加快钨丝氧化，从而最终烧断灯丝。

#  6.204 灯丝

**题：** 没有通电的情况下，我们看灯泡里的灯丝，它细得几乎无法叫我们察觉（图6-3），但是通电以后，它就像一下子有了生命力一样，明显地变粗了，这是为什么呢？

**解** 在高温加热的情况下，灯丝好像膨胀几十倍，但是我们不能简单地认为这是热膨胀。要知道金属的膨胀系数虽然各有不同的，但充其量在百分之几之内，也就是说即使温度升高到2000℃，金属丝的直径也不过只膨胀了几个百分点而已，这么小的差距，我们的肉眼根本无法觉察。

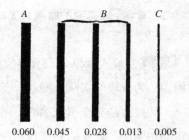

图6-3 受热的灯丝B的厚度与人的头发丝A，以及蜘蛛丝C的直径对比（单位：毫米）

即使灯丝膨胀如此微不足道，那么我们何以看到灯丝陡然会变粗许多倍呢？其实这只是眼睛的错觉，即光晕效果，我们总是本能的觉得白色区域的尺寸比实际要大，而物体越亮，我们的感觉就越强烈。

高温灯丝的亮度很大，光晕效果非常明显，让我们错误地感觉，一个原本只有0.03毫米的灯丝，一下子变粗了30多倍，足有1毫米粗了。

#  6.205 闪电的长度

**题：** 闪电是一种自然现象，你知道它有多长吗？

**解** 很少人能正确地估量出闪电的长度，它完全不能以米来度量，只能用千米。据目前所观察到的记录，最长的闪电长达 49 千米。

## 6.206 线段的长度

**题：** 这是个很奇怪的事情，连续两次测量一条线段，第一次测出的长度是 42.27 毫米，第二次的结果竟变成了 42.29 毫米，哪一个才是它真正的长度呢？

**解** 一般人都以为只有多次测量实际长度，自然会得到线段的实际长度，因为认为线段的实际长度是：$\dfrac{42.27+42.29}{2}=42.28$mm。

　　其实这是完全不正确的。多次测量所获得的长度只不过是统计值，并非真正的实际值。真正的长度根据这些数据是无法测量出来的，尽管得到的长度可能会很接近实际值，但依然与实际值之间存在很大的误差。

## 6.207《小棍子》歌曲的妙用

**题：** 这是个很美妙的现象，人们在开动手摇式重锤机（一种原始的重锤机，现在已淘汰了）工作的时候，会自然地哼唱《小棍子》的歌曲（图6-4），这是为什么吗？难道不唱这首歌，就会有什么危险吗？

**解** 有人认为《小棍子》是一首充满工作节奏感的歌，保证相应的工作效率和作息时间，尼·巴·德隆教授曾经在一本《实践力学工作者的讲义》中这样说道："赫尔曼教授进行了如下的观察：有4名工作人员，摇动一个摇杆将一个重50千克的汽锤提升1.25米，然后松开摇柄，让汽锤自由下落。1分钟，他们可以重复进行34次。可是，必须每过260秒，工人们就得休息260秒，喘口气。他们的工作非常具有节奏感，工作效率也非常高。工人们当然不习惯看表，为了方便计时，于是我们就用《小棍子》这个有节奏且听起来很舒服的歌曲，取替了100个206秒来计时。"

现在，这种手摇重锤机已经被淘汰了。但我们还是有必要说一下歌曲的妙用。手摇式重锤机是通过工人们松开手中绳子，让其自由下落来运转的。松开手中绳子时，要求4位工人必须同时松手，否则就有危险。要知道，重锤的重量虽轻于4位工人的总重量，但比其中任何3位重。如果在松手时，有那位稍

有延迟，他们就会被重锤突然带到空中，吊在空中，要么撞上上面的支架，要么突然掉下来，都很危险。而唱歌曲有助于4人统一节奏，同时放手，减少危险，这就是歌曲的妙处。

由此可见，通过《小棍子》之歌，工人们自发统一了的信号，同时松开绳子，以免遭重锤强力上拉的危险。而随着科技的发展，随着手摇式重锤机的淘汰，《小棍子》歌曲也失去了原有的功效。

图6—4

## 6.208 两座城市间的通信

**题:** 有一次"爱迪生"知识竞赛出过这样一道题:某条河的两岸有两个城市,它们之间的距离是1.6千米。在一次自然灾害中,这两个城市通信中断了。如果没有电,如何让这两个城市间快速通信呢?(注意,假设此时无法渡过河)

**解** 爱迪生年轻的时候考虑过这样的问题:如果有一天,没有电,无法发电报,他如何与河对岸的朋友传信息?爱迪生当时用的方法很简单,就是采用长短不一的机车鸣笛声发送摩尔斯电码,这就是他发明的声学电报。

时光流逝,到了现在,这道问题似乎解决起来更加简单了,我们可以选择使用光学电报装置,那是一种昼夜工作的光信号设备。当然,如果想将邮政货物等物品送到河对面,也很简单。我们可在两岸间建一个悬空索道就行了。现在,借助火箭投递器,能轻易地将绳索的一端投到河对岸。

## 6.209 海底的敞口瓶

**题:** 一个敞口的瓶子沉入1千米深的海底,在水的巨大压力下,瓶子的容积会变大呢,还是会缩小?

**解** 很多人都会认为,瓶子的内壁和外壁受到的海水施加的压力是相同的,那样瓶子的体积当然不会发生什么变化。可是如果我们细心读一下著名物理学家洛仑兹的《物理教程》,我们便不会这么想了。他曾在观察气体对空心球的压力影响时,作了如下精辟地分析:

首先假设球体内壁各处所承受的压力都是一致，我们可以这样分析：为了保持空心球内壁所受的压力相同，我们将和内壁材料相同的物质添加到球腔里，并假设填充得很均匀，且融合得非常好。这时，我们开始施加压力 $P$ 在球外壁上，此时球的内外壁各点都会受到这个外力的影响，且大小相等。因球的各点所受压力相同且质地相同，就会按照相同的比例收缩。这个比例是可以计算出来的，只需知道其压缩系数就可以了。因此我们就能够得出这样一个推论：

施加相同的压力 $P$ 在任意形状空心容器的内外壁，其内腔的容积变化程度等级同于受到同等压力的内腔充满的内壁物质的变化程度。

举例算一下，我们便会有一个更清晰的认识。一个球体受到外界的挤压时，每施加 $1P$ 的压力，物体的体积就会缩小：$\dfrac{3(1-2k)}{E}$

这里的 k 是收缩系数，$E$ 则是压力系数。

那么相对玻璃而言，$k=0.3$，$E=6\times10^{10}$（单位 CN）。这样一来，如果玻璃瓶的容积是 1 升或者 $10^{-3}$ 立方米，那么当它受到相当于 1000 米高的水柱的压力（$10^7p$）的时候，它的体积会缩小，也就是：

$$10^{-3}\times10^7\times3\frac{(1-0.6)}{(6\times10^{10})}=0.2\times10^{-6}\mathrm{m}^3=0.2\mathrm{cm}^3$$

当然很多人，包括学者们，都会认为内外两壁受到同样的压力，体积居然会缩小，觉得匪夷所思。在此，如果简单套用恩泽尔的《普通物理》的教程里的公式推算的话，可能是行不通的。洛仑兹注意到了这一点，他分析得更细致更全面：

"通过确定质地均匀的实心容器所受外力 $f_1$ 挤压时，其体积发生的收缩变化，可以推知与它大小、质地及所受外力相同的空心容器的体积变化程度。不管容器是空心的，还是实心的，压力 $f_1$ 都会均匀地作用到容器的外壁上，这个力就是张力。相比于实心容器，空心容器可通过向内腔填充与内壁质地相同的材料的方法，将其变成一个实心容器，以测算它的受压后的体积变化。因为外力作用于容器外壁时，容器各层因内壁和内腔填充物完全相同，因而所受的压力应大小相等，且等于外壁所受的压力，即 $f_1$。这也就是，容器受压后体积的变化取决于外界压力，而不在于容器内是否有填充物，不论这填充物是固物还是液体，且容器体积的缩小量等于内腔体积的缩小量。"

在许多精确的计算中，这种体积变化必须考虑，特别是在用雷诺仪测量大量液体的压力系数时。

 # 6.210 约翰松背标尺

**题：** 用约翰松背标尺能进行精确测量，奇怪的是，那些附着在一起的钢片，既没有被磁化，没有任何东西将其固定，可它们依旧紧紧地粘连在一起（图6-5），不松开。怎么会这样呢？

**解** 当约翰松背标尺出现的时候，人们就开始用各种理论解释这一现象。最常用的当然是大气压，以为正是借助于大气压力，才让两块光滑的钢片紧紧贴在一起，因为它们接触面没有空气。可是，当人们测量分离这两块钢片的压强时，竟高达 $3 \sim 6 \mathrm{kg/cm^2}$。这个数值远大于 1 个大气压强。这也意味着，一定还有别的力，使两片钢片紧密贴在一起。至此，人们就摈弃了大气压理论，寻找真正的原因。

那么真正的原因是什么呢？真正原因在于两块钢片之间有水，是水分子之间的引力才将钢片紧密贴在一起，不留一丝空隙，紧密得两块钢片之间各处的缝隙小于 0.2 微米，这是很惊人的数字了。与之相反的，如果是绝对干燥的表面，它们便不会紧密贴在一起。

要想使两块钢片紧贴在一起，必须借助水来帮忙，尽管所需的水极其少。相对两块大小为 1 厘米 ×3.5 厘米的钢片，得花大于或者等于 30 千克力才能将它们分开。

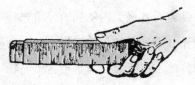

图 6-5 约翰松背标尺为什么会吸附在一起

# 6.211 瓶子里面的烛光

题：不知道大家是否做过这样的实验，很简单却能证实大气压力的存在：

将一小段燃烧的蜡烛固定在玻璃杯底上，等蜡烛燃烧一段时间之后，再用盖子将杯子紧紧盖住，不留缝隙。过不了多久，蜡烛的火焰会慢慢地减弱，最后熄灭掉（图6-6）。现在你尝试揭开盖子吧，想必非常困难，如果不用很大的力气还真的打不开。

为什么会这样呢？有人会不假思索地告诉我们，是因为火焰消耗了瓶子里有限的氧气，残留的空气在空间里被稀释，压力随之减少，外部的压力自然大于瓶内的，所以才将瓶盖紧紧地压附在瓶口上。

这个回答正确吗？让我们来分析一下吧！

解 首先说答案，回答是错误的，他完全忽略了氧气燃烧之后的情况，氧气耗尽后，会生成二氧化碳和水蒸气，其中的一部分水蒸气会凝结在容器壁上，但直到氧气燃尽，瓶内的气体总的质量并没有减少，因为二氧化碳和水蒸气取代了氧气。

那瓶盖打开时怎么那么费力呢？这得从物理原理里寻找答案，而不是化学原理里。当蜡烛燃烧时，瓶内的空气受热膨胀，一部分气体会逸出瓶子，直到内部热气压力和外部冷空气达到平衡。这时蜡烛因为氧气的不足而缓缓熄灭，没有了热源，瓶内空气随之变冷，气压随之降低，小于外部大气压。瓶盖在外部大气压的作用下，会紧紧贴着瓶口，让人难以揭开。

在上自然课时，我们都做过这样的试验：将一张燃烧的纸片放入玻璃杯里，然后快速将杯子倒置，扣在一个盛水的盘子上。随着燃烧的纸片熄灭，我们会

图6-6 玻璃杯中的蜡烛实验

发现，盘子里的水被吸入杯子里。许多人对这一现象的解释是因为，杯子里的空气因氧气耗尽而体积减少了。这种明明是错误的，可有些老师还错上加错地认为，玻璃杯中的水进入杯子的高度刚好是杯子高度的五分之一，就是这代气中氧气的占有比例。他们在讲述这"所谓的守恒"时，肯定没有人亲自去测量一下。

这种错误的观点得到了很多人的支持，有普遍性，自然科学史学者丹涅曼曾在《自然科学发展简史》里记载了一个类似的实验，所用的解释也是如此：

"科学家费隆做过一个蜡烛吸水实验，如图 6-7。将容器 $v$ 注满水。取一支蜡烛，点燃，插入容器 $v$ 底部，固定。取另一容器 $d$，倒扣在蜡烛之上。不一会儿，就有水进入容器 $d$。费隆解释说：'水之所以会进入容器 $d$ 中，因蜡烛燃烧将容器 $d$ 中的空气排挤了出来。水进入容器 $d$ 中的体积就等于被排挤出来气体的体积。'也许以前的科学家们没有注意到，有同等体积的空气被排了出去。通过这个实验，我们可以证实，空气中含有两种不同的气体，其中一种就是 18 世纪化学家舍勒发现的气体（即氧气）。"

通过以上描述可知，费隆的结论里根本没有出现取代氧气的二氧化碳，这有两种可能，一是所产生的二氧化碳完全被水吸收了；二是根本就没有二氧化碳产生，蜡烛燃烧后的产物是固体，就像磷燃烧的产物。

《火星》杂志曾经登载过一信读者来信，内容跟我们所讨论的实验有密切关系：为什么将一只刚从热水里取出的玻璃杯倒扣在油布上，油布竟然会被吸入玻璃杯中？

可笑的是，杂志刊出的解释依然像前面提到的那样含糊不清：

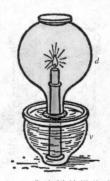

"在热水里里加热的玻璃杯里，空气因受热膨胀，密度变大，从而体积增大，将一部分空气排出了杯子。杯子被油布紧紧封住后，随着杯子温度的降低，杯子里的空气逐渐冷却而收缩，密度降低！我们知道，大气压力无处不在，它会向空气压力小的方向施加压力。于是，油布受外边大气压的影响，将其压进了玻璃杯里。"

图 6-7 费隆蜡烛燃烧实验

需要再三强调的是，在密封容器里的气体，即便温度降低，其体积也不会下降，更不存在密度下降的现象，当然更不会被压缩。他们之所以作出如此荒谬的解释，只是没懂得一个简单的热学原理，一定体积的气体，其产生的压力与温度成正比，温度降低，气体的压力随之下降。

 6.212 测温计发明年表

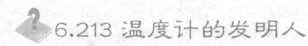 题：摄氏温度计、华氏温度计还有列氏寒暑表，哪一种最早出现？

解 在这三种温度计中，最先发明出来的列式寒暑表，时间是 18 世纪初，然后是华氏温度计，出现于 1730 年代，最后是摄氏温度计，发明于 1740 年代。

 6.213 温度计的发明人

 题：上面讲述的三种温度计分别是谁发明的？

解 列氏寒暑表的发明者是德国科学家，他住在丹兹科；华氏温度计是前面所说的法国科学家华伦海特；而摄氏温度计的发明者是瑞典气象学家摄尔修斯。

列氏寒暑表最先出现，且很快在美国和英国获得普及，于是有人认为它是英国人发明的。摄氏温度计虽出现最晚，但最先普及的是法国。

# 6.214 如何求地球的质量

**题：** 这是从一个科普读物上的摘录下来的：

　　根据一些测量的结果，科学家们得知地球平均密度在 5.5 左右，地球的直径已经被测出来了，这样我们就很容易求出地球的体积，进而算出地球的质量。

　　这种方法求地球质量，正确吗？

**解** 这道题在很多科普读物中出现过，也都是先算出地球的平均密度，再用地球的体积乘以它，得出地球的总质量。

　　这种方法看起来很合理，并没有什么错误。可问题是，地球的平均密度是怎样求出来的呢？它可无法直接求出来，要求出来必然先知道地球的总质量，其程序与前面的刚好相反：用地球的总质量除地球的总体积，即是地球的平均密度。很显然，在不知地球质量的情况下，我们是无法通过它的平均密度来推算，因为平均密度也是一个未知数。

　　那么地球的总质量到底是如何求出来的呢？这得应用万有引力定律。即测量两个相距 1 米质量均为 1 千克的小圆球之间的引力，从而推算地球的质量。

　　我们知道地球的半径是 6 400 000 米，地心对其表面 1 千克的物体的引力为 9.8 牛顿，根据万有引力定律，引力与产生此引力的质量成正比，与距离的平方成反比。因此通过万有引力定律，我们根本不需要知道地球的平均密度，就可以求出地球的总质量。方法很简单：

　　两个 1 千克的圆球，相距 1 米，相互产生的引力为：$\dfrac{1}{15\,000\,000\,000}$牛顿。

　　假设地球的质量为 M，且集中在一点，即地心上，暂不考虑地球半径的影响，它对距离 1 米的 1 千克质量的圆球产生的引力为：$\dfrac{1}{15\,000\,000\,000}$牛顿。

　　我们知晓，地球的半径是 6 400 000 米，考虑地球的半径，可推知此引力就是它的 $\dfrac{1}{6\,400\,000^2}$，也就是 $\dfrac{1}{15\,000\,000\,000 \times 6\,400\,000 \times 6\,400\,000}$牛顿。而地

球对其表面 1 千克的物体引力为 9.8 牛顿（早已测定，为公开数据），我们很快可得到：

$$\frac{M}{15\ 000\ 000\ 000 \times 6\ 400\ 000 \times 6\ 400\ 000} = 9.8$$

通过换算，M=15 000 000 000×6 400 000$^2$×9.8

再进一步换算可知地球的质量：$6 \times 10^{24}kg = 6 \times 10^{21}t$。

 ## 6.215 太阳系的运行

**问题：** 我在一本《物理学问题全集》看到一则有趣的问题，有必要在此讨论一下：

"据天文学家的观察测量，我们所处的太阳系正以 17 千米／秒的速度向天琴座靠近，如果太阳系不以匀速直线运动的方式，而时匀加速或匀减速的方式向天琴座方向飞行，身处地球上的我们会看到时什么现象？"

**解** 《物理学问题全集》的编辑对这个有趣的问题作为了一番回答，如下：

"如果以匀加速运动的方式朝天琴座飞行的话，地球上所有物体的重量都要比匀速直线运动时的重；而以匀减速运动的方式向天琴座飞行时，所有物体的重量比匀速时的轻。"

这种回答并不正确，除非不考虑天体运行时万有引力的影响。我们要清楚，促使天体运行的力是万有引力，它能使天体上所有的物体获得相同的加速度。也就是作为天体的星球和其表面上的一切物体在任一时刻，都会以相同的速度飞行。

正因如此，处在地球上的我们，不仅无法察觉地球是否相对于太阳系的其他星球在做匀加速或与匀减速运动，就是地球自身是否在动，也无法觉察。

# 6.216 飞向月球

**题：** 我曾作过一个关于宇宙中的火箭是如何飞行的报告，有位业余天文学爱好者读了后，给我来了一封信，如下：

"你的报告完全违背了现实：宇宙飞船根本不可能飞抵月球。和天体巨大的质量相比，宇宙飞船的质量微乎其微。可是正是因为它的质量极其小，受很小的引力作用就会产生极大的加速度。而你在报告中，对这些相对微小的引力——比如水星、金星、火星等对宇宙飞船的引力，却完全没有考虑。这些力虽然小，但宇宙飞船的质量也极其小呀，相比那些行星，它的质量趋于零。对如此小的质量，那些行星对它的引力所产生的加速度应该很大，足以改变它的运动轨迹，从而让它在宇宙空间以一种很奇怪的轨迹飞行。这样它就永远不可能飞抵月球了。"

**解** 初看起来，他的观点无懈可击，但经严密的科学分析，就完全站不住脚。从天文学上来说，宇宙飞船的质量可以等于零。这一点丝毫不存在疑问。可是正因如此，一些天体对它的引力也可以看成是零。根据万有引力定律，两物体之间的引力和它们的质量成正比，如果一个物体的质量为 0，另一个物体无论质量多大，它们之间的引力也是 0。

我们还是运用公式来说明这些问题。

假设两个物体的质量分别是 $M$ 和 $m$，距离为 $r, k$ 是万有引力的系数那么它们之间的引力大小就是：$f = \dfrac{kMm}{r \cdot r}$

在 $f$ 的作用下，质量 $m$ 的加速度 $a$ 等于：

$$a = \frac{f}{m} = \frac{kMm}{r \cdot r} : m \frac{kM}{r^2}。$$

现在我们就能够明白了，天体对物体的引力产生的加速根本不取决于物体本身的质量，而是取决吸引它的那个物体的质量除以它们之间的距离的平方的

商。也许其他星体的质量大于地球，但它们到宇宙飞船的距离远远大于地球到宇宙飞船的距离，因此它们对地球的引力就几乎可以忽略不计。正因于此，那些星球对飞船的引力相比地球的引力作用，也就微乎其微了，完全不用考虑。航天员完全不用考虑自己的飞船会受水星、金星、火星等的影向而偏离航线，可以放心驾驶飞船飞向月球。

# 6.217 失重状态有危害吗

**题：** 有一个天文学家也认为在失重的条件下，星际飞行是不可能的，他是这样陈述的：

"在失重的状态下，我们的身体会出现各种不适反应。比如，一个人头朝下，脚朝天倒立的话，他的血液循环就会遭到严重损害。这是由于重力引起的。要是没有重力，情况会更糟糕。" 这个观点正确吗？

**解** 这个观点是错误的。在我讲授航空学时，课堂也时常有学生用上述的观点来证明，人们不可在失重的状态下生活。许多人固执地认为，人被倒立地吊着会死亡，同样，处于失重状态也会死亡。

其实人处在失重的状态下，对机体是没有危害的，人的身体状态从竖直到水平躺在床上，就好像是在休息一样，这时重量对血管的作用完全不同于竖立的时候，也就是说，我们虽然能够清楚地感觉，但是血液的重力对血液循环的影响的确是微小到几乎是不存在的。

当然，不能说我们的身体对失重完全没有感知。我们能感知到失重了，但身体并没有受到伤害。

# 6.218 开普勒第三定律

题：曾经在两本书看到了两个不同的对开普勒定律的陈述，一个认为行星和彗星的公转周期的平方等于它们离太阳距离的立方。也有人认为，行星和彗星公转周期的平方等于它们公转轨道长半轴的立方。

那么，哪一种才正确呢？

解 其实这两种表述都是正确的，不过公转轨道长半轴和离太阳平均距离，并不简单是行星距太阳最近距离和最远距离的算术平均值，而是行星围绕太阳运行轨道上各点距太阳距离的算术平均值。

图6-8中，实线是行星运行轨道，太阳位于其一个焦点 $F_1$ 处，而行星依次运行到 $a$, $b$, $c$, $d$ 等位置上时，各个轨道点距焦点 的距离分别是 $F_1a$, $Fab$, $F_1c$, $F_1d$ 等，相加后除以所选取的轨道点数，那样我们就能够算出行星距太阳的平均距离，这个值等于长半轴。

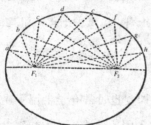

图6-8 行星距离太阳的平均距离的计算方法

下面作一下简单证明：

假如高轨道上有 $n$ 个点，将这 $n$ 个点分别与椭圆的两个焦点相连，根据椭圆的性质（到两定的距离之和等于定长，即长轴），可知各点到两焦点的距离都是 $2a$，$n$ 个点就是 $2n$，$a$。

我们再将各到两焦点的距离分开列出，即：

$$(aF_1+bF_1+cF_1+\cdots)+(aF_2+bF_2+cF_2+\cdots)=2an$$

根据椭圆的对称性，我们可知当 $n$ 无穷大时，

$$(aF_1+bF_1+cF_1+\cdots)=(aF_2+bF_2+cF_2+\cdots)$$

我们假设轨道上各点到 $F_1$ 之和为 $S$，就可得：$2S=2an$。进而可以得到：

$$\frac{S}{n} = a。$$

行星距太阳的平均距离是 $\frac{S}{n}$，也就是行星轨道长半轴 $a$。所有上述两种表述都正确。

 # 6.219 永恒运动与永动机

**问题：** 如果行星的轨道是标准圆形的话，那么它在绕太阳运转时不会做功，因为它与太阳的距离没有发生变化，且它的运转速率是个定值。可是行星的运动轨迹是椭圆时，它离太阳的距离时刻都在变化，比如我们地球就是如此。那么行星在椭圆轨道上要做功吗？或者进一步说要消耗能量吗？的确，行星在轨道运行时，有时需要消耗能量，比如从近日点向远日点运动时，行星的运转速度会逐渐变小。可是，当行星从远日点向近日点运动时，它的速度又会逐渐增大，能量获得了补充，而且损失多少会补偿多少，这好像物体动能先转为势能，随后势能又转换为了动能一样，总能量并没有变。因此，行星绕太阳运转一周，并不损失能量，而且这种运转可无限进行下去。

按照这个逻辑推理，我们可以得出这样的结论：行星绕日公转是典型的永恒运动。

可是为什么物理学上常说永恒运动不存在呢？

**解** 需要说明的是，物理学上没有人会武断地说永恒运动不存在，不存在的是永动机。永动机是一种能不停做功，却又不接受外界施加能量的机械，它违反了最根本的物理学常理——能量守恒定律。绕日运行的行星不是这样的，它们在自己轨道运行时，并没有对外做功，当然也不存在能量损耗，自然能永恒运动。它们的运动并没有违反物理学规律。

# 6.220 身体和热源

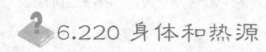

**题：** 能把我们的身体当作热源吗？

 **解** 在按严格的物理学关于热源的定义，并不能把恒温动物的身体当作热源。绝大多数人认为我们的身体完全是一个热源，这种观点是错误的。从表面上看，动物的机体和热源十分相似，都需要通过消耗能量，释放热量。正因如此，许多人轻易地认为，热量是动物机体保持恒定温度的源泉，就像机械的汽缸那样，不断提供运动的能量。

可有一个问题，想必很多人会困疑：为什么在寒冷的冬天，我们不运动时，老觉得身体很冷，冻得常常不自主地发抖；而在运动时，我们全身热气腾腾，甚至大汗淋漓呢？按理说，不运动时，身体不对外做功，能量应该贮存在体内，身体应很温和；而运动时，对外做功消耗身体贮存的能量，体内能量减少，体温应该下降才对呀？

很显然，人的身体或者说动物机体的能量来源有悖于热力学所定义的热源，从这一点上可判定：动物机体并不是热源，肌肉更不是热力学上意义上的热源。

人们常以为动物机体的热量是通过消耗体内的能量，也就是食物对外做功转化而来的。这种观点是错误的，食物在动物机体内并不是先转化为能量，再对外做功释放出来的。通过热力学第二定律可知，热能要转化为功，必然经历从高温物体传到低温物体的过程。热能转化为功的效率，即转化后的功与加热器提供的热量的比值，它等于加热器和受热器的温度差与加热器绝对温度的比值：

$$k = \frac{(T_1 - T_2)}{T_2}$$

$k$ 为效率系数，$T_1$ 为加热器（高温物体）的绝对温度，$T_2$ 为受热器（低温物体）的绝对温度。

假如我们的机体是热源，由于我们机体的温度大约为 37℃。这个温度要

么是加热器（高温）或者说受热器（低温）的温度中的一个。我们知道，人体内的能量利用效率大约为了 30%，即 $k=0.3$，我们作如下分析：

第一种情况，加热温度下为 37℃（绝对温度 310K），受热器的温度 $T_2$，便可得出：$0.3=\dfrac{(310-T_2)}{310}$

很快可以算出 $T_2=217K$，即 $-56℃$。

这就意味着，我们体内存在一个低温部位，它的温度是 $-56℃$，与我们人体内是恒温的事实明显不符。这么说来，人体的温度 37℃ 应该是受热器 $T_2$ 的温度了。我们也用公式算一下，此时加热器 $T_1$ 的温度：

$$T_2=237+37=310K，代入公式中，即 \ 0.3=\dfrac{(T_1-310)}{T_1}$$

我们可以求得：$T_1=443K$，也就是 170℃，也就是说我们身体内有一部位的温度高达 170℃。

这是完全不可能的，没有哪位解剖学家曾在人体内发现有这样的高温（170℃）或低温（-56℃）部位。从这点上来说，我们的身体机体并不是热源。

莱赫尔教授曾在《生理物理学》一书中明确指出：从热力学意义上讲，动物的肌肉并不能归为热源。现在科学家们早已以证实，我们的肌肉产生的能量是由化学能间接转化而来的。

# 6.221 流星为什么会发光

题：夜空中的流星为什么会划出美丽的光线？

解　即便在专业的天文学著作里，你也很难找到这一问题的详细解答，在一般科普读物或物理学教材中，几乎难觅这一问题的影踪。

我们知道，在进入地球大气层之前，流星是不会发光的，它是一个冷冰冰的球体，可一进入大气层后，它就发出了光亮。需要说明的是，流星并没有燃烧，在距离地面 100 千米的高空，空气稀薄，其密度只有地面的千分之几，要燃烧起来几乎不可能。

那么流星为什么看起来闪闪发光，像着火了一样呢？一般人认为是因为流星与空气产生剧烈摩擦，进而燃烧了起来。可在稀薄的高空大气层里，流星受到的空气阻力很小，完全谈不上会与空气剧烈摩擦，确切地说，它只会吸附附近的空气。

一些所谓的"科学理论"认为："流星之所以燃烧发亮，是因为它们在快速运动中为了克服空气的阻力而消耗自身的能量——动能，这些被消耗的能量转化成了光和热。"按照这一理论，流星在大气层穿行时，有一部分动能转化为了热量。如果是这样的话，流星内部的无规则的分子运动因受热而加剧，从而使整个流星变热。可是，经科学探测，流星只是表面温度会升高，而内部依然寒冷如冰。按照自由落体定律，流星在下降时，速度会越来越快，其受地球大气的阻力越来越大，其表面的温度随之会越来越高。可为何流星体内依然像冰一样寒冷呢？它内部的温度应该会急剧升温才对呀！可见，上述理论没法解释这一点。

可是，如果最初流星进入大气层时，其内部温度没有立即受热升温，但为何又会发亮呢？

事实上，流星一进入大气层就会发亮，并不是自身发亮，而是周围的空气。在流星的快速下落时，它会压缩阻挡在前面的空气。因流星的速度极快，空气在被急剧压缩下迅速升温。按说温度急剧升高的空气，会把热量传导到流星，从而使流星内部的温度也急剧升高。可是，这一热传导没有发生，原因就在于流星的速度太快，被压缩升温的空气来不及将热量传导给流星，就被流星抛在了身后。而阻挡流星的依然是未来得极升温的冷空气。因此，流星内部的温度没有升高。

我们再来看一看，被流星急剧压缩的空气如果要燃烧起来，需要什么条件。这要应用下面一个公式：

$$T_k - T_i = T_i [\,(\frac{p_k}{P_i})^{1-\frac{1}{K}} - 1\,]$$

这个公式表明了空气在绝热膨胀时，其温度与压力的变化关系。其中，$T_k$ 表示空气被压缩后的绝对温度；$T_i$ 表示空气被压缩前的绝对温度。$P_k$ 表示空气被压缩后的压力，$P_i$ 表示空气被压缩前的压力。$k$ 表示空气被压缩前后的比热

之比，一般为 1.4，即 $1-\dfrac{1}{K} \approx 0.29$。

一般高层大气的温度绝为 200K，即 $T_i$=200K。假设高层大气的大气压为 0.000001at，在流星的快速压缩下，气压为 10at，$\dfrac{p_k}{p_i}=10^8$，分别代入公式中可得：

$$T_k-200=200[\ (10^8)^{\ 0.29}-1]\quad 即\ T_k=40200K$$

在此，我们并不需求出非常精准的 $T_k$ 值，有个大概值就足以说明问题了。

从所求的被流星冲压后的空气温度值可知，其温度高达几万度。根据对流星亮度的测量，也可知其表面温度达 10 000K 至 30 000K。事实上，流星本身很小，大的只有胡桃那么大，小的呢，细如豌豆，甚至更小，而我们在夜空中到的"流星"，其体积要比胡桃大许多倍，而且在空中划出一道道长线。之所以如此，是因为我们看到的是被流星快速压缩而燃料烧起来的空气，而不是流星本身。

炮弹发射时，其温度的变化也如同流星：从炮膛飞出的炮弹会压缩弹头前面的空气，使空气温度升高，可温度升高的空气来不及把热传给炮弹就被炮弹抛下，因而炮弹内部的温度也不会升高多少，不然炮弹早在空中就爆炸了。当然，与炮弹相比，流星的速度快多了，大约是它的 50 倍。还需要说明的是，高层大气的密度要比近地面小许多，但空气温度的变化只取决于起始温度和最后终止温度，与其密度无关。

我们再来看一下现代流星天文学对这现象的详细解释：

流星进入地球大气层后，会与空气中的气体分子发生碰撞，但是在最外层的大气层，空气极其稀薄，如此一来，被流星碰撞后的气体分子会四散开去，或者再去碰撞其他气体分子，或者再碰撞流星；随着流星进入大气层，空气密度越来越大，与流星碰撞的气体分子也越来越多，从而在流星前面形成了一个天然的气罩。在这个气罩里，有高速运动的气体分子，更有因碰撞而发生电离的气体分子，当然还有流星体表的升华物质。正是因为了这些物质，气罩才会发出耀眼的光芒，使流星看起来像燃烧了一样。

那么，为什么气体在被快速压缩后，其温度会升高呢？让我们做一个模拟空气被压缩时的实验。空气分子很小，如果迎面撞在一块飞行的石头，那么它被反弹回的速度，就会远大于它碰撞石头前的速度。这个情景就像我们打羽毛球。当我们在打羽毛球时，用力击打飞来的羽毛球！羽毛球会被球拍快速反弹回去，其反弹的速度大于它撞在球拍前的速度。与此相同，空气分子被快速飞行的流星碰撞后，其反弹的速度会急剧增大，也就是其动能急剧增加。气体分子的动能是与温度密切相关的，其动能增加也就是其温度升高。

## 6.222 工厂区的雾

题：如果你很细心的话，你就会发现，与林区或者草地相比，工厂附近出现大雾的现象特别多？这是为什么呢？

解 因为工厂区域的空气中所含的烟尘微粒的数量，相比于林区或者草地大得多，因而出现大雾的几率也高得多。分子物理学对这一现象有比较简洁的解释。在前面我们就已得知，在相同的温度下，液体液面处于平面状态时，其水平表面的饱和蒸汽压要大于靠近液体处于凹面时的，而小于处于凸面处的。因为凸面的液体表层的分子，要比平面的更容易离开液体表面。如果将呈球状的水滴放入充满饱和水蒸气的空间会怎样呢？如果水滴很小，水滴不久就会因蒸发全部变成水蒸气；如果原来的空间里的水蒸气已经饱和了，那么随着小水滴的蒸发，这个空间将含有过饱和的水蒸气。

当空间的水蒸气处于过饱和状态时，一部分水蒸气就会凝结成小水滴，以降低空间中水蒸气的浓度，使空间里的水蒸气处于饱和状态。而凝结的小水滴又会蒸发，如此周而复始。由此可进一步说，如果空间里水蒸气刚好处于饱和状态，也不会有水滴形成。

但是，当某空间的水蒸气刚好处于饱和状态时，其空气中含有烟尘微粒的话，情况就大不相同了。不论这些烟尘多么小，相对于气体分子，它们的体积大得多。于是，水蒸气分子就会附在烟尘上，并越聚越多，形成一个大水珠。这些大水球尽管也比较大，但还没有大到随时都会被蒸发掉的地步，它们在一定时间内会保持其体积。小水球越来越多，就形成了雾。

这就是工厂附近容易出现大雾的原因。

##  6.223 烟、尘、雾

**题：** 烟，尘，雾，是人们常见的现象，它们之间有什么区别？

**解** 烟，尘，雾既是自然的又是人为的产物，它们都能被人们所利用，比如在军事上，为了不让敌方发现己方的行动，常常发射烟雾弹，制造烟雾来伪装。所谓制造烟雾，就是通过改变空气中的微粒的大小和位置来实现伪装。

一般来说，人们称固体的微粒为烟尘，称气体的为雾。

烟和尘最大的区别在于其微粒直径。烟的直径要小一些，在 0.000 0001 厘米左右，像香烟的微粒；而尘的微粒直径要大一些，在 0.001 厘米至 0.01 厘米之间。

当然，烟和尘还有一个区别，这就是它们的沉降速度。烟因微粒小，几乎不发生沉降，即使沉降也是匀速沉降；而尘通常会沉降，且是加速沉降。

##  6.224 月和云

**题：** 雾在月光下会消散，尤其在夏天，这种现象更加明显，你能解释月光能起到什么作用吗？

**解** 月亮出现的时候，云的确会随之消散，但它们之间并没有什么必然的联系。在夏天，随着夜晚的到来，大气的温度会降低从而向下流动，云雾随之下降。近地面的空气，因受地面影响，温度较高且干燥，从而会向上升。云雾受地面干燥且温度较高的气流的影响，会很快蒸发掉。这种现象，即便没有月光也会发生。只是在月光下，人们更能看清云雾在消散，就好像它们在月光的照射下，被驱散似的。

## 6.225 水分子的能量

**题**：在0℃时，水蒸气、水和冰里，哪里的分子动能更大？

**解** 物质的热运动状态完全取决于该物质的温度，而不在于它是什么状态，是固体、液体还是气体。因此，无论是冰分子、水分子还是水蒸气分子，在相同温度下，它们具有相同的动能。

## 6.226 绝对零度下的热运动

**题**：在−273℃的环境下，氢分子的分子热运动速度有多大呢？

**解** 绝对零度不等于−273℃，而是−273.15℃。在分子几乎不动的时候，这0.15℃的差别看不出来，但是在很低温度下，分子运动的时候，其差别就变得很明显了（图6−9）。我们从气体动能理论得知，在0℃，也就是绝对温度−273.5K的情况下，氢分子以1843米／秒的速度运动，我们将它的平均速度设定为 $x$，温度为−270℃，我们可以通过比例式算出：$\dfrac{x}{1843} = \dfrac{\sqrt{3.15}}{\sqrt{273}}$，因此 $x$=198m/s

现在可以得出，分子在温度这般低的情况下，运动速度比手枪的子弹还要快。现在再看一下所要解决的问题：氢分子在−273℃下，也就是绝对零度0.15K下的速度是多少，由如下公式：$\dfrac{z}{1843} = \dfrac{\sqrt{0.15}}{\sqrt{273.15}}$。我们就能够得到：$z$=43m/s

图 6-9 接近绝对零度时氢分子运动的速度

此时氢分子热运动的速度大约就是 155 千米／小时。

## 6.227 能达到绝对零度吗？

题： 能够达到绝对零度吗？

解 早在 1935 年，莱顿实验室的工作人员就造出了接近绝对零度的低温，只可惜并没有越过 $\frac{1}{200}$ 绝对零度这个门坎。在当时，许多人认为，越过这个门坎指日可待。但是据热力学的基本定律，我们可推知：无论何时，任何物体都不可能达到绝对零度。这就是热力学第三定律或者说能斯脱定律。当然，这已超出了基础热力学的研究范围，我们在此只作简要介绍。

在许多著作里，热力学第三定律都被说成"物体的温度不可能到达绝对零度原理"。对这方面有兴趣的读者可去参阅波利尔教授所著的《物理学教程》，该书对此作了很通俗地讲解。

根据热力学三大定律，我们可以得出三个推论：

热力学第一定律（也称能量守恒定律）：第一类永动机不可能存在；

热力学第二定律：第二类永动机不可能存在；

热力学第三定律：绝对零度不可能达到。

目前，实验室内里所能达到的最低温度是 −273.145℃。在此温度下，氢

分子的运动速度为:

$$1843 \times \sqrt{\frac{0.005}{273.15}} = 8m/s$$

此时氢分子的运动速度只相当于老式的火车(29千米/小时)。如此看来,即便温度如此低,氢分子的运动速度依然很快。

 6.228 什么是真空?

题: 什么是真空?

解 从严格物理学意义上讲,一个容器的空间是否是真空,并不是它内部的气体有多么稀薄,稀到不能再稀释,而在于其内部分子运动的自由路程的平均范围是否超出了容器最大内径。

一般地,在常温常压下,一个做热运动的气体分子,在1秒钟内,会与其他气体碰撞几十亿次。一个分子两次相邻碰撞的时间间隔内,它所移动的路程,就叫自由路程。

假设分子的自由路程的平均大小为 $l$,其平均速度为 $v$,$N$ 则表示分子在一秒内碰撞的次数,由此我们便能够得到:$l = \dfrac{v}{N}$。

在零度状态下,空气分子运动的平均速度 $v \approx 500m/s=500\,000mm/s$,在1个标准大压下,一个空气分子1秒钟内的碰撞次数 $N=5\,000\,000\,000$,如此一来,在压力等于76厘米水银柱的情况中,分子的自由路程 $l$ 等于:$l = \dfrac{v}{N}$
$= \dfrac{500\,000}{5\,000\,000\,000} = 0.0001mm$

如果将气体稀释 $n$ 倍,此时它的气压为标准大气压的 $\dfrac{1}{n}$,而在每立方米里的空气分子数量就会是原来的 $\dfrac{1}{n}$,因此此时 $n=N$。又由于:$N = \dfrac{v}{l}$。

如果 $v$ 恒定的情况下,自由路程 $l$ 就为 $n$ 倍大。如果将气体稀释1000倍,那么空气分子的平均自由路程就等于:$0.0001 \times 1\,000\,000 = 100mm = 10cm$

普通白炽灯的长度大约为10厘米,在1个标准大气压下,其内部空气分

子的自由路程大约等于灯泡长度。这也意味着，如果灯泡里是真空的话，灯泡里的空气分子从灯泡壁的一侧移动到另一侧时，基本上不会碰到另一个空气分子。我们知道，灯泡里的大气压大约为 0.000 000 1 毫米水银柱高，由此可算出灯泡内的自由路程几乎达到几千米。灯泡里的空气分子拥有如此大的自由路程，以致它们具有通常气体一些不具备的特征。类似于此状态下的气体分子，也就是物理学上所说的"真空"。

当容器的体积很大时，无论气体如何被稀释，也很难达到真空状态：容器里面总会有很多分子发生碰撞。

##  6.229 宇宙的平均温度

 题: 宇宙物质的平均温度是多少？

**解** 我们太阳系所有行星的质量总共才是太阳本身质量的 $\frac{1}{700}$，而将近 999‰ 的整个世界的质量都集中在平均温度是几百万度的太阳和它的行星上。

我们都清楚地知道，太阳是一个典型的星球，它表面的温度有 6 000℃，而内部的温度不小于 40 000 000℃，这是一个相当惊人的数字。因而，我们推算，相对整个宇宙来说，物质平均温度将近 200 万度是可以接受的。

我们从爱丁顿的观点出发，也就是说星际空间并没有绝对脱离重力影响，而是充满着高度稀薄的物质，因此星际空间的物质总量将会比集中在星体上物质总量的 3 倍左右还要多，因为我们都知道，星际空间物质的温度大约是 -20℃，甚至更低，那么整个宇宙物质的 $\frac{3}{4}$ 将处在 -200℃ 的温度之下，而 $\frac{1}{4}$ 则在 $2 \times 10^6$℃ 之下，那么宇宙物质的平均温度就在 $5 \times 10^5$℃ 左右。

其实物质温度在一定情况下是极低的，接近于绝对零度；有的又极高，甚至能够达到几百万度，所以适合生存的温度所占的比例仅仅是整个宇宙很小的一部分。地球上最高温度是在 1920 ～ 1922 年之间，安德森在维尔松山和汶汤姆山上的天文台的实验中发现的。他通过一个又细又短的金属导线将一个电

图 6-10　获得 20 000℃ 高温的实验，实验者穿着防止冲击波的特制衣服

容瞬间放电，在 $\frac{1}{100\,000}$ 秒中导体产生了 125 焦耳的热量。金属丝的温度升高，有时可以达到 20 000℃，甚至 27 000℃ 成为最高的温度。金属发出的光极亮，比太阳的亮度还要大 200 多倍，如果我们将这个金属导体放在一个充满水的玻璃容器里面，它就会被粉碎成很小的微粒尘，甚至连玻璃碎片都看不到。在离爆裂地半米的地方，如果实验者没有穿特制的防护衣服，手和脸都会感到强烈的冲击（图 6-10）。

##  6.230 千万分之一克

 题：我们用肉眼能够看到千万分之一克吗？

解　我们每天都能看到千万分之一克的物质，你现在就看见了它，并注视着它。或许你马上就会明白，是印刷文的句号质量就接近千万分之一克。人们是这样称量"句号"的质量的：在一个极其灵敏的称上称量空白纸张的质量，然后轻轻在上边用墨水点上句号，再称量，它的重量为：0.000 000 13g。

##  6.231 一升酒精在大海里

题：如果我们将一升酒精倒进大海里，一段时间以后，酒精会平均分散在海洋里，那么我们又要在海洋里舀多少升的水才能聚集到一个酒精分子呢？

**解** 若想回答出这个问题，我们需要比较一下一升酒精里面包含的分子数量和海洋里水的体积。

1 克分子的量的酒精中含有的酒精分子数为 $6.02 \times 10^{23}$ 个，其质量为：

$$(C_2H_6O) = 2 \times 12 + 6 + 16 = 46g。$$

即 1 克酒精所含分子数为：

$$6.02 \times 10^{23} \div 46 \approx 1.32 \times 10^{22}。$$

1 升酒精重 800 克，所含分子数量为：$1.32 \times 10^{22} \times 800 = 104 \times 10^{23} \approx 10^{25}$。

海洋的水有多少升呢？海洋的表面面积大约是 370 000 000 平方千米，如果我们设定海洋的平均深度是 4 千米，那么世界洋里水的总体积就是：

$$148 \times 10^{19} l = 15 \times 10^{20} l$$

1 升酒精里所包含的分子数除以海洋里水的升数，得到一个整数 7000，那么不管我们在海洋任意一个地方，用容量 1 升的杯子舀一杯水，它里面平均就会有倒进海洋里的 1 升酒精中的大约 7000 个分子。

图 6-11 一滴水中的分子数量比黑海里水滴的数量还要大

#  6.232 气体分子之间的距离

**题：** 在 0℃的常温下，氢气分子之间的距离大约是氢分子直径的多少倍？

 **解** 氢分子在 0℃，压强为 76 厘米水银柱高之下，分子之间的平均距离为 0.000 003 厘米，它的直径是 $2 \times 10^{-8}$ 厘米，两者相除，我们就能够得到：

$$\frac{3 \times 10^{-6}}{2 \times 10^{-6}}$$

得到的结果是 150，那么气体的分子之间的距离就是它直径的 150 倍。

## 6.233 氢原子的质量和地球的质量

**题：** 请估算一下下面式中 的值：

**解** 氢原子的质量等于 $1.7 \times 10^{-24}$，地球的质量为 $6 \times 10^{27}$，它们的几何平均值为：$x = \sqrt{1.7 \times 10^{-24} \times 6 \times 10^{27}} \approx 100g$

## 6.234 分子的大小

**题：** 设想地球上的所有物体都增大了100万倍，分子将会变成什么样子呢？

**解** 如果所有物体都增大了100万倍的话，那么一只苍蝇都会有7千米长了，分子本身也会变得像书本里面的字体那么大。

## 6.235 电子和太阳

**题：** 下面比例式中 大约等于多少？

$$\frac{电子的直径}{x} = \frac{x}{太阳的直径}$$

**解** 如果一个小球的直径等于一个电子的直径和太阳直径的几何平均值的话，那么它也将惊人的小了，下边我们来计算一下吧：

电子直径：$4 \times 10^{-1}$ 厘米

太阳直径：$14 \times 10^{10}$ 厘米

$$x = \sqrt{4 \times 10^{-13} \times 14 \times 10^{10}} = \sqrt{0.056} \approx 0.25\text{cm} = 2.4\text{mm}$$

这样，一个是太阳大小的 $\frac{1}{n}$，同时是一个电子 $n$ 倍大的球只有弹丸那么大。

##  6.236 宇宙的大小

**题：**（1）设想最小的细菌增大到地球的尺寸，那么电子和质子又会多大呢？

（2）设想电子的大小变成同头发直径一样，那么头发将会变多大呢？

（3）设想海王星的直径缩小到地球直径的大小，那么地球将会缩小到多大呢？

（4）设想地球的直径缩小到了 1 毫米，那么它和天狼星座之间的距离按照同比例来缩小的话，又将是多少呢？

（5）设想整个太阳系缩小到头发的尺寸，那么它同仙女流星群之间的距离按同比例缩小的话，又将是多少呢？

**解** 用下页中的《自然界从质子到宇宙结构物体大小的比例》这个表格回答这些问题再合适不过了。

（1）细菌增大到地球的尺寸，要"实现"这个，"变动比例"里的"地球直径"一行要放在主表格里"最小的细菌"一行之后。

肥皂泡沫的厚度相当于铁路支线的长度，

氢原子的直径相当于大拇指的直径，

电子的直径相当于头发的直径。

（2）电子增大到头发直径的尺寸。将"变动比例"里的最后一行移到主表格"电子半径"一行后边，我们就会得到头发直径将会增大到地球直径的尺度。

（3）海王星轨道的直径缩小到地球直径的尺寸。把"变动比例"里的"地球直径"一行移到主表格"海王星轨道直径"一行之后，在表格里找到与"地球直径"这一行相对应的项，就会发现与之相对应的是"变动比例"里的"大厅的高度"一行。

（4）地球的直径要缩小到1毫米。把"变动比例"放到后边，我们就会发现它同天狼星座的距离等于地球的直径。

（5）把整个太阳系缩小到头发直径的尺寸，我们就会得出它同仙女座流星群的距离大约100千米。

根据爱因斯坦的相对论，用我们的表格来试图说明宇宙的半径将会是很有意思的。我们发现，如果宇宙的半径缩小到地球直径的尺寸，那么距大熊星座的距离就会缩小到大拇指的尺寸，而距天狼座的距离就会缩小到金属丝的尺寸。而用倍数最大的显微镜也无法看到地球。

### 从质子到宇宙的自然界物体相应的尺寸表

| 长度 | | 物体 |
|---|---|---|
| 10p | P | |
| 10 亿光年 | 30 | |
| 1024km，1 千亿光年 | 29 | 宇宙的半径 |
| 1023km，100 亿光年 | 28 | |
| 1022km，10 亿光年 | 27 | |
| 1021km，1 亿光年 | 26 | 距远星云距离 |
| 1020km，1 千万光年 | 25 | 距螺旋星云距离 |
| 1029km，100 万光年 | 24 | 距仙女座流星群距离 |
| 1018km，10 万光年 | 23 | 距马格兰诺夫星去距离 |
| 1017km，10000 光年 | 22 | |
| 1016km，1000 光年 | 21 | 距第十大星的平均距离 |

| | | |
|---|---|---|
| $10^{15}$km，100 光年 | 20 | 距大熊星距离 |
| $10^{14}$km，10 光年 | 19 | 距天狼星距离 |
| $10^{13}$km，1 光年 | 18 | |
| $10^{12}$km，0.1 光年 | 17 | |
| $10^{11}$km，0.01 光年 | 16 | 慧星远日点 |
| $10^{10}$km | 15 | 海王星轨道直径 |
| $10^{9}$km | 14 | |
| $10^{8}$km | 13 | 巨星直径 |
| $10^{7}$km | 12 | |
| $10^{6}$km | 11 | 太阳直径 |
| $10^{5}$km | 10 | 木星直径 |
| $10^{4}$km | 9 | 地球经线长度四分之一 |
| $10^{3}$km | 8 | 莫斯科至伏尔加格勒距离 |
| $10^{2}$km | 7 | 多瑙河支流长度 |
| 10km | 6 | 奥运会女子马拉松游泳赛赛程 |
| 1km | 5 | 街道长度 |
| 100m | 4 | 百米赛跑的距离 |
| 10m | 3 | 大厅宽度 |
| 1m | 2 | 桌子高度 |
| 1dm | 1 | 手掌的宽度 |
| 1cm | 0 | 手指粗度 |
| 1mm | −1 | 金属丝直径 |
| 0.1mm=100 μ | −2 | 头发直径 |
| 0.01mm=10 μ | −3 | 肉眼看到的最细程度 |
| 0.001mm=1 μ | −4 | 最小的细菌 |
| 0.0001mm | −5 | 显微镜看到的最小程度 |
| 0.00001mm | −6 | 小气泡最薄处 |

| | | |
|---|---|---|
| 0.000001mm=1mm | −7 | 分子直径 |
| 0.0000001mm=1A · | −8 | 氢原子直径 |
| | −9 | |
| 0.000000001mm | −10 | 伽马射线波长 |
| 一个单位射线波长 | −11 | |
| 0.00000000001mm | −12 | 宇宙射线波长 |
| 0.000000000001mm | −13 | 电子半径 |
| | −14 | |
| | −15 | |
| | −16 | 质子半径 |
| | −17 | |
| 0.0000000000000000001mm | −18 | |
| 0.00000000000000000001mm | −19 | |
| | −20 | |